Studienreihe Biologie Band 9

Herausgeber Professor Dr. Hans Knodel

Alfred M. Schwarzenbach/Hans Knodel

Nutzpflanzen

J. B. Metzlersche Verlagsbuchhandlung
Stuttgart

Bildquellenverzeichnis

Bild 1: nach H.-A. Freye, Kompendium der Humanökologie. Fischer, Jena 1978 – Bild 6, 13, 14, 15, 16, 18, 19, 20, 21, 22, 23, 24, 25, 26, 28, 29, 30, 31, 32, 33, 34, 35, 36, 37, 38, 39, 42, 43, 44: Dr. Schwarzenbach, Schiers – Bild 17, 41: Zefa, Düsseldorf – Bild 27: Dr. Jesse, Köln – Bild 40: H.-J. Conert, Usingen

CIP-Kurztitelaufnahme der Deutschen Bibliothek

Schwarzenbach, Alfred M.:
Nutzpflanzen / Alfred Schwarzenbach; Hans Knodel.
– Stuttgart: Metzler, 1982.
(Studienreihe Biologie; Band 9)
ISBN 3-476-20235-6

NE: Knodel, Hans:; GT

Druck: 1985, 1984, 1983, 1982
Die letzte Zahl nennt das Jahr des Drucks. Alle Drucke einer Auflage können im Unterricht nebeneinander verwendet werden.
Satz: Bauer & Bökeler GmbH, Denkendorf
Druck: Karl Grammlich, Pliezhausen
Printed in Germany

Inhaltsverzeichnis

Allgemeiner Teil

Spezieller Teil

Zum Inhalt

Im vorliegenden Band werden sowohl die wichtigsten einheimischen Nutzpflanzen, wie auch wirtschaftlich bedeutende ausländische Kulturpflanzen besprochen. Sachverhalte, die mehr oder weniger für alle Nutzpflanzen gelten, sind im »Allgemeinen Teil« zusammengefaßt. Im »Speziellen Teil« folgt dann die Besprechung aller der menschlichen Ernährung dienenden, und im Anschluß daran diejenige der übrigen wichtigen Nutzpflanzen.

Für die Unterstützung zum Sammeln von Material für dieses Werk bedankt sich der links Unterzeichnete bei Herrn Prof. Dr. A. Frey-Wyssling, Herrn Prof. Dr. H. Kern, Herrn Prof. Dr. C. Favarger, den Herren Dr. H. P. Sigg und Dr. A. Riggenbach von der Sandoz AG, der Schweizerischen Naturforschenden Gesellschaft, der Schweizerischen Studienstiftung für Gymnasiallehrer, sowie den Schweizerischen Botschaften und Konsulaten in Mexiko, Guatemala, El Salvador, Nicaragua, Costa Rica, Indonesien, auf den Philippinen, in den Vereinigten Staaten, Venezuela und Brasilien. Der Dank gilt auch den Leitern und Mitarbeitern aller Forschungsstationen und Betriebe, die in den entsprechenden Ländern besucht werden konnten, sowie seiner Frau für ihre Mitarbeit beim Sammeln des Materials auf den Studienreisen und bei dessen Auswertung.

Die Autoren: A. M. Schwarzenbach, H. Knodel

Allgemeiner Teil

1. Die Bedeutung der Nutzpflanzen (Kulturpflanzen)

Die Weltbevölkerung hat im Jahre 1980 4,34 Milliarden Menschen erreicht und ist nach wie vor im Steigen begriffen. All diese Menschen verbrauchen für den Unterhalt des Körpers zusammengerechnet eine sehr große Menge Energie. Nimmt man angesichts der derzeitigen Ernährungssituation durchschnittlich einen täglichen Energieverbrauch von 10465 kJ (2500 kcal) pro Mensch an, entspricht dies für die gesamte Menschheit einem Verbrauch von 45,41 Billionen kJ (10,85 Billionen kcal) oder pro Jahr 16,57 Billiarden kJ (3,96 Billiarden kcal). Diese gesamte Energie stammt ausschließlich von der Assimilationsleistung der Kulturpflanzen und ist in einem Gewichtsäquivalent von 1,039 Milliarden t reiner pflanzlicher Stärke enthalten (darin eingeschlossen sind die Futterpflanzen, deren Leistungen auf dem Umweg über die tierische Nahrung in den menschlichen Körper gelangen). Das sind beeindruckende Zahlen. Bevor wir uns nun dafür interessieren, woher der Mensch diese Energie bezieht, wollen wir noch einen Blick auf die Frage werfen, wozu er diese Energie überhaupt benötigt.

1.1. Die Verwertung der Nahrungsmittel im menschlichen Körper

Die Nahrung dient zwei verschiedenen Zwecken:
- Ein Teil führt dem Körper die **Energie** zu, die er für seinen **Unterhalt** braucht. Dieser Anteil wird völlig, das heißt ohne Rest abgebaut und speist den **Betriebsstoffwechsel** für die Lebensleistungen des Körpers.
- Der andere Teil der Nahrung wird dazu verwendet, beim Wachstum die **Strukturen** des Körpers **aufzubauen** und später laufend zu **ersetzen.** Er unterhält den **Baustoffwechsel.**

1.1.1. Der Betriebsstoffwechsel: Energiebedarf und Energiefreisetzung

Die Energie wird im menschlichen Körper zur Durchführung chemischer Reaktionen und für die Leistung von Arbeit verwendet, wobei gleichzeitig Wärme freigesetzt wird.

Die chemischen Reaktionen im Organismus lassen sich in Aufbauprozesse (Anabolismus), Umsetzungen und Abbauvorgänge (Katabolismus) unterteilen.

Aufbauprozesse. Zu den Aufbauprozessen rechnet man die Bildung körpereigener Stoffe wie Proteine, Fette, Glykogen, Hormone.

Umsetzungsreaktionen. Als Beispiel für eine Umsetzungsreaktion sei die Umwandlung einer Carbonsäure in eine Aminosäure erwähnt.

Abbauvorgänge. Abbauvorgänge dienen vor allem der Freisetzung von Energie. Ein Beispiel ist der Abbau von Zucker zu CO_2 und H_2O.

Aufbau- und Umbauvorgänge **verbrauchen** Energie – sie sind **endergonisch.** Die Reaktionen des Zuckerabbaus (Glykolyse, Citronensäure- und Glyoxylsäurezyklus, deren Ablauf mit der energiefreisetzenden Atmungskette gekoppelt ist) sind **exergonisch.** Um exergonische Reaktionen überhaupt in Gang zu bringen, muß jedoch ebenfalls Energie aufgewendet werden. Man nennt diese Form von Energie **Aktivierungsenergie.** Sie ist nötig, weil der Abbau von an sich energiereichen Molekülen oft nur über eine zuvor zu bildende energiereiche Zwischenform möglich ist; andernfalls würden diese Moleküle spontan zerfallen.

Einen weiteren Teil von Energie verbraucht der Körper zur Bewältigung **mechanischer Arbeit.** Sie wird geleistet durch die Bewegung der Skelettmuskeln (z. B. Schreiten) oder von den Organmuskeln (z. B. Zwerchfellatmung, Herztätigkeit oder Darmperistaltik). Auch im Bereich der Zellen tritt Bewegung auf (Plasmaströmung, Cilienbewegung u. a.).

Ein weiterer energieverzehrender Prozeß ist die **Transportarbeit**. Darunter versteht man das aktive Verschieben von Ionen gegen das Konzentrationsgefälle oder ein elektrisches Potential. Beides sind Funktionen von Membranen der Zellen.

Die Energie zur Leistung der drei genannten biologischen Arbeitsformen wird aus den exergonischen Vorgängen des Nahrungsabbaus bezogen. Der Wirkungsgrad dieser Reaktionen liegt bei ca. 60 %, d. h. drei Fünftel der potentiell zur Verfügung stehenden Energie kann effektiv für die Zellarbeit genutzt werden. Der Rest, d. h. rund 40 %, wird als **Abfallwärme** freigesetzt. Dies entspricht einer relativ hohen Energievergeudung, die aber mit wesentlichen biologischen Vorteilen verbunden ist:

– Nach der RGT-Regel laufen alle chemischen Reaktionen bei höherer Temperatur schneller ab. Dadurch wird die Aktions-

und Reaktionsbereitschaft des Körpers ganz allgemein wesentlich erhöht.

- Die durch die Wärmeregulation im menschlichen Körper konstant gehaltene Temperatur erlaubt es, alle chemischen Reaktionen **genau definiert** ablaufen zu lassen. Für das reibungslose Ablaufen des komplexen Systems der Stoffwechselvorgänge ist diese Einrichtung zweifellos von Vorteil.
- Die Fähigkeit zu erhöhter Körperwärme und zur Wärmeregulation hat seinem Träger (Homoiothermer, Warmblüter) die **Unabhängigkeit von der Außentemperatur** gebracht. Dies war ein entscheidender Selektionsvorteil, weil sich dadurch neue Lebensräume erschließen ließen.

Es wurde bereits darauf hingewiesen, daß die gesamte vom Menschen zur Verrichtung von biologischer Arbeit benötigte Energie letztlich aus der Assimilationsleistung der Kulturpflanzen stammt.

Hauptsächlich zwei Stoffklassen können dem Körper als »Brennmaterial« für den Betriebsstoffwechsel dienen: die **Kohlenhydrate** und die **Fette**. Es sind mehrere Kohlenhydrate als Energiespeicher geeignet (Stärke, Glykogen, Glucose, Fructose u. a.), aber alle lassen sich nur in Form eines **einzigen** Zuckers in den Abbauprozeß einschleusen: der **Glucose** (Traubenzucker). Alle anderen geeigneten Moleküle müssen vor ihrem Eintritt in den Energiefreisetzungsprozeß zu Traubenzucker umgeformt werden. Der Fettabbau erfolgt teilweise gemeinsam mit dem Kohlenhydratabbau: Er ist der Endphase dieses Prozesses angegliedert.

Selbstverständlich legen die Pflanzen ihre Energiespeicher (Kohlenhydrate und Fette) für **eigene** Zwecke an. Der Abschnitt 1.1.4. gibt darüber Auskunft.

1.1.2. Der Baustoffwechsel

Der Körper bezieht das Material, das er für den Baustoffwechsel benötigt, ebenfalls aus der Nahrung und damit entweder direkt von den Kulturpflanzen oder auf dem Umweg über die mit ihnen gefütterten Haustiere. Zum Baustoffwechsel gehören **Substanzvermehrung** beim Wachstum, aber auch der **Ersatz** bestehender Strukturen. Denn um Abnützungserscheinungen von Körperstrukturen zuvorzukommen, wird das Baumaterial ständig ausgetauscht. Ein Knochen wird beispielsweise innerhalb von ca. 7 Jahren völlig ersetzt. Für das Herz beträgt die Umsetzungsrate ca. 7 Monate. Das bedeutet, daß die Zellen des Herzens innerhalb dieses Zeitraumes völlig durch Stoffe, die der Körper mit der Nahrung erhält, neu aufgebaut werden. Die Blutkörperchen werden innerhalb von 3–4 Monaten, das Darmepithel sogar in Wochenfrist ersetzt. Es ist eine bemerkenswerte Tatsache, daß der Körper jede Sekunde Material für **10 Millionen Zellen** bereitstellen muß, um diese Ersatzleistung durchzuführen.

1.1.3. Zur gesundheitlichen Bedeutung der Nahrungsmittel

All die zahlreichen, aus vielerlei Nutzpflanzen gewonnenen Nahrungsmittel enthalten die gleichen Nährstoffe: Kohlenhydrate, Fette, Eiweißstoffe (Proteine), Vitamine und Mineralstoffe. Vor allem der Gehalt an diesen Nährstoffen bestimmt den Wert des Nahrungsmittels. Deshalb kann sich eine vollwertige Kost aus recht verschiedenen Nahrungsmitteln zusammensetzen.

In Ostasien sind Reis und Soja die Hauptträger der Ernährung, in Europa dagegen stehen Produkte aus Weizen, Mais und Kartoffeln zusammen mit tierischen Nahrungsmitteln im Vordergrund. Entscheidend für den gesundheitlichen Wert der Nahrung ist allein, daß sie dem Organismus alle lebensnotwendigen Stoffe in ausreichendem Maße zuführt. Neben den bereits genannten organischen Stoffen, einschließlich der Vitamine, gehören dazu auch die Mineralstoffe K, Ca, Na, Mg und Fe sowie die nur in geringsten Mengen erforderlichen Spurenelemente Cu, Mn, Zn, Co, Mo, Se, V, F, Ni, Sn.

Besonders reich an Mineralstoffen sind Brot und Gerichte aus Vollkorn, Kartoffeln, Obst und Gemüse. Nicht alle pflanzlichen Eiweißstoffe sind biologisch vollwertig, weil sie nicht sämtliche lebensnotwendige Aminosäuren in ausreichender Menge enthalten. Nur Kartoffeln und Soja haben hochwertiges Eiweiß. Dagegen ist der hohe Cellulose-Gehalt pflanzlicher Nahrung von gesundheitlicher Bedeutung, obwohl Cellulose unverdaulich ist und deshalb als Ballaststoff bezeichnet wird. Cellulose quillt im Magen-Darm-Trakt auf, regt deshalb die Darmperistaltik an und bewirkt ein besseres Gleiten des Nahrungsbreis. Ballaststoffe wirken deshalb gegen Darmträgheit und Verstopfung.

1.1.4. Die Nährstoffspeicher der Pflanzen

Alle Pflanzen bilden Nährstoffspeicher aus, sei es als »Starthilfe« für die Nachkommen oder als Stütze für eine weitere eigene Vegetationsperiode. Das **Ausmaß** dieser Speicher ist jedoch sehr unterschiedlich. Als Kulturpflanzen kommen nur diejenigen in Frage, die sehr großzügig Vorräte anlegen; die übrigen sind ungeeignet.

Ein Überblick über das gesamte Pflanzenreich zeigt, daß sich eine erstaunlich kleine Zahl von Gewächsen als Kulturpflanzen für die Ernährung des Menschen eignet. Auf etwa 300 000 Arten, die keine lohnenden Überschüsse produzieren, kommen einige Dutzend Kulturpflanzen, bei welchen man nach **Jahrhunderte bis Jahrtausende** dauernder Auslese in bestimmten Organen eine hohe Speicherfähigkeit erzielen konnte.

Die Pflanzen bilden nicht nur in unterschiedlichem Ausmaß, sondern auch in den verschiedensten **Organen** Speicher für Nährstoffe aus. Es gibt kaum ein Organ oder Gewebe, das diese Funktion nicht übernehmen könnte. Oft werden die **Samen** mit genügend Nährstoffen versehen, damit die Jungpflanzen wachsen können. Die Speicherstoffe liegen im Gewebe des Embryo selbst (Beispiel: die Keimblätter [Kotyledonen] der Bohne), oder sie sind in ein angrenzendes Gewebe (Endosperm, Beispiel: Kokosnuß, Weizenkorn) eingelagert. Samen liefern den größten Anteil an solchen Nährstoffen, die im menschlichen Körper verwertbar sind.

Andere Pflanzen speichern Nährstoffe in zumeist unterirdischen **Dauerorganen,** um einen klimatisch ungünstigen Zeitabschnitt zu überbrücken. Ein Beispiel dazu liefern die Kartoffeln, die der Überwinterung und der vegetativen Vermehrung dienen. Der Botaniker nennt die Kartoffeln unterirdische **Stengel** (Sproßknollen), weil sie im folgenden Jahr auskeimen.

Ein anderes Beispiel ist die Zuckerrübe. Diese zweijährige Pflanze legt im ersten Wachstumsjahr einen Nährstoffspeicher (Saccharose) in der **Wurzel** an, der im zweiten Jahr zur Ausbildung von Blüten und Früchten verwendet wird.

Es gibt aber noch weitere Möglichkeiten für die Ablagerung von Nährstoffen: Das Mark des Zuckerrohrstengels zum Beispiel ist ein oberirdischer Speicher. Auch **Blätter** (Zwiebeln) und **Blüten** (Artischocken) können Orte der Reservestofflagerung sein.

Wieder andere Pflanzen bilden Nährstoffspeicher in den Früchten, um Tiere anzulocken und damit die Verbreitung der Samen zu sichern. Hierzu sind viele Obstarten zu rechnen. In einer fleischigen Hülle befindet sich ein unverdaulicher Kern, der den oder die Samen birgt. Beispiele dazu sind: Erdbeeren (fleischige Verdikkung des Blütenbodens), Apfel (fleischiges Achsengewebe), Pfirsich (fleischige äußere Fruchtwand), Gurke und Tomate (Beere, ganze Fruchtwand fleischig).

2. Von der Wildpflanze zur Kulturpflanze

Die Stufen der Entwicklung von Kulturpflanzen sind: Sammeln von Wildpflanzen zur Ernährung, Schonen und Pflegen solcher Wildpflanzen, Anbau der genutzten Wildpflanzen und schließlich die planmäßige Auslese und Weiterzucht der ertragreichen Formen aus den Pflanzenkulturen. Die fortgesetzte Auslese der genutzten Pflanzen führt regelmäßig zu Formen, die sich im Aussehen (Phänotyp) und im Erbgut (Genotyp) von der Wildform deutlich unterscheiden: Sie sind Kulturpflanzen geworden. Der Weg der Entwicklung läßt sich also so zusammenfassen:

Wildpflanze → Nutzpflanze → Kulturpflanze.

Jeder Kulturpflanzenzüchtung liegen die Gesetzmäßigkeiten der Vererbung und der Evolution zugrunde. Da aber der Mensch eine Kulturpflanze zu einem ganz bestimmten Zweck züchtet, etwa um ein Nahrungsmittel, ein Genußmittel, eine Textilfaser oder einen Arzneistoff zu gewinnen, verläuft die Evolution dieser Pflanze ausgerichtet auf ein Bedürfnis des Menschen und nicht in Richtung einer bestmöglichen Anpassung an die natürliche Umwelt, wie dies bei der natürlichen Auslese der Fall ist. Kulturpflanzen bedürfen zu ihrer Erhaltung deshalb der ständigen Pflege des Menschen; sie könnten im Wettbewerb mit den Wildpflanzen nicht bestehen.

Viele wichtige Kulturpflanzen sind älter als 6000 Jahre (z. B. Weizen, Reis, Gerste und zahlreiche Obstarten), andere sind jüngeren Alters (Gemüse-, Futterpflanzen), und eine Reihe weiterer Pflanzen nahm der Mensch erst in den letzten Jahrhunderten in Kultur (z. B. viele Arznei- und Zierpflanzen). Sicher ist die natürliche Flora für die Gewinnung neuer Kulturpflanzen noch längst nicht ausgeschöpft. Die Zahl der Pflanzenarten, die bisher in den Kulturpflanzenbestand übernommen wurden, beläuft sich auf etwa 300.

Die wichtigsten einheimischen Kulturpflanzen stammen aus nur wenigen Pflanzenfamilien, den Gräsern, Schmetterlingsblütlern, Rosengewächsen, Kreuzblütlern und Nachtschattengewächsen. Geographisch gesehen kommen etwa 70% der Kulturarten aus Asien, 20% aus Nord- und Südamerika, die restlichen 10% aus dem Mittelmeerraum und Ostafrika.

Es ist offensichtlich, daß die Ursprungsgebiete der Hauptgruppen unsrer Kulturpflanzen zusammenfallen mit den Orten früherer Hochkulturen. So hängt das ostasiatische Entstehungszentrum mit der altchinesischen Kultur zusammen, das Mittelmeerzentrum mit der Kultur in Mesopotamien, Ägypten und Griechenland, das mittelamerikanische Zentrum mit der Maya- und Azteken-Kultur und das südamerikanische Zentrum mit der Inka-Kultur.

Tabelle 1: Übersicht über die Entstehung der Kulturpflanzen (aus H. A. Freye, 1978, verändert)

Kulturpflanze	Wildpflanze	Zeithorizont der ältesten Kulturformen
Getreide		
Roggen – *Secale cereale*	*Secale ancestrale*	800 v. Chr. in Mitteleuropa
Emmer – *Triticum dicoccum*	*Triticum dicoccoides*	5000 v. Chr. in Vorderasien
Einkorn – *Tr. monococcum*	*Triticum boeoticum*	2000 v. Chr. auf dem Balkan
Zwergweizen – *Tr. compactum* und Saatweizen *Tr. aestivum*	*Tr. dicoccoides* oder *Tr. dicoccum* und *Aegilops squarrosa*	5000 v. Chr. in Vorderasien
Gerste – *Hordeum vulgare*	*Hordeum spontaneum*	5000 v. Chr. in Vorderasien
Hafer – *Avena sativa*	*Avena fatua*	etwa 1000 v. Chr. in Mitteleuropa
Mais – *Zea mays*	unbekannt	etwa 3000 v. Chr. in Mexiko
Hackfrüchte		
Kartoffel – *Solanum tuberosum*	*Sol. tuberosum* und *Sol. andigenum*	etwa 800 v. Chr. in den Anden
Runkelrübe – *Beta vulgaris* var. *esculenta*	*Beta maritima*	200 v. Chr. auf Sizilien
Zuckerrübe – *Beta vulgaris* var. *esculenta*	*Beta maritima*	etwa 1790 im schlesischen Raum
Ölfrüchte und Faserpflanzen		
Mohn – *Papaver somniferum*	evtl. *Papaver setigerum*	3000 v. Chr. in Mitteleuropa

Kulturpflanze	Wildpflanze	Zeithorizont der ältesten Kulturformen
Rübsen – *Brassica rapa* var. *oleifera*	*Brassica campestris*	etwa 2000 v. Chr. in Mitteleuropa
Raps – *Brassica napus* var. *oleifera*	*Brassica campestris* oder *Br. rapa* u. *Br. oleracea*	etwa 2000 v. Chr. in Mitteleuropa
Lein (Flachs) – *Linum usitatissimum*	*Linum angustifolium*	3500 v. Chr. in Mitteleuropa und Vorderasien
Hanf – *Cannabis sativa*	*Cannabis sativa*	500 v. Chr. in China und Thrazien

3. Die geographischen Ursprungsgebiete der Kulturpflanzen

Hinweise für den geographischen Ursprung der Kulturpflanzen geben die frühen menschlichen Hochkulturen. Man darf davon ausgehen, daß die Entwicklung einer höheren Kultur überhaupt erst möglich wurde, als der Mensch vom bloßen umherschweifenden Sammeln der Nutzpflanzen zu ihrem planmäßigen Anbau überging. Diese frühen Kulturen nahmen ihre Pflanzen für den Feldbau aus ihrer Umgebung. Tatsächlich sind die ältesten Gebiete der Feldbaukultur zugleich auch Zentren gehäufter Kulturpflanzenentstehung. Das belegen fossile Reste in den Grabungsstätten der Altkulturen (Reste von Vorräten, Grabbeigaben, Bilder, verkohlte Pflanzenteile u. a.); die zuvor geäußerte Überlegung ist also nicht nur eine plausible theoretische Folgerung. Auch Pollenanalysen im Bereich alter Siedlungen können Aufschluß über den Anbau von Kulturpflanzen geben, wenn sich ihre Pollen in den Siedlungsschichten finden.

Ein weiterer Hinweis für den Entstehungsort einer Kulturpflanze ist das Vorkommen von Wildpflanzenarten, die mit ihr in naher Verwandtschaft stehen oder auf Grund genetischer Untersuchung sogar als wilde Stammformen anzusehen sind.

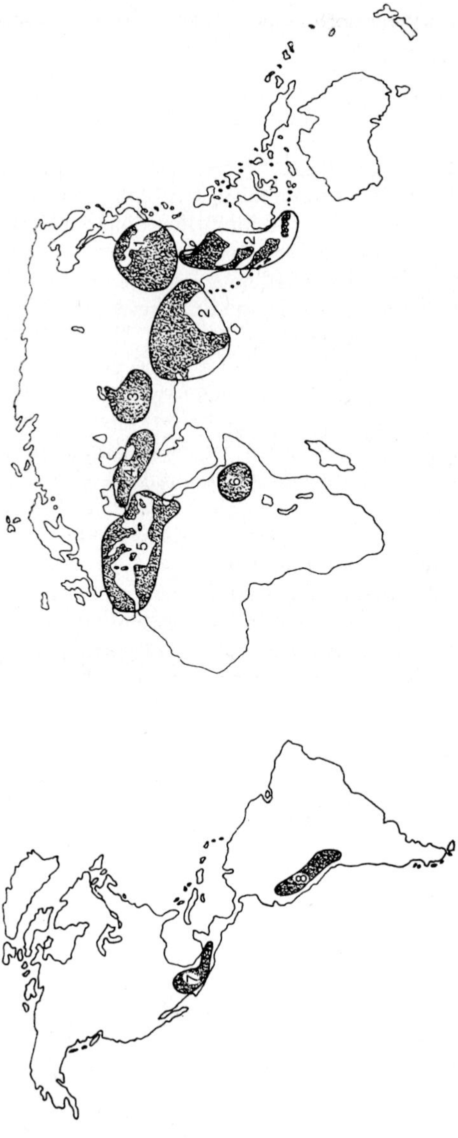

Bild 1 Ursprungsgebiete der Kulturpflanzen (aus H. A. Freye, verändert). Erläuterung siehe Tab. 2

Tabelle 2: Ursprungszentren der Kulturpflanzen (aus H. A. Freye, verändert)

Nr.	Ursprungszentrum	Kulturpflanzenarten
1	**Chinesisches Zentrum** – Gebirge des inneren China und Korea	Hafer, Gerste, Hirse, Sojabohne u. a. Bohnen, Bambus, Zuckerrohr, verschiedene Kohlarten, Orangen, Zitronen, Pfirsiche, Aprikosen, Birnen, Pflaumen, Kirschen, Tee, Mohn
2	**Indisch- Südostasiatisches Zentrum** – Indien, Burma, Thailand, Vietnam, Kambodscha, Malaysia, West-Indonesien	Reis, Hirse, verschiedene Bohnenarten, Eierfrucht, Gurke, Bambus, Zuckerrohr, Baumwolle, Pfeffer
3	**Mittelasiatisches Zentrum** – Nordpakistan, Kaschmir, Afghanistan, Turkestan	Weichweizen, mehrere Bohnenarten, Melonen, Zwiebeln, Spinat, einige Aprikosen, Äpfel, Birnen, Mandeln, Weintrauben, Walnüsse
4	**Westasiatisches Zentrum** – Inneres von Kleinasien, Transkaukasien, nördl. Iran	Hart- und Weichweizen, Roggen, Hafer, Linsen, Erbsen, Lein, Mohn, Melonen, Kürbisse, Möhren, verschiedene Sorten von Birnen, Kirschen, Mandeln, Weintrauben, Feigen
5	**Mittelmeerländer**	Einkorn, Erbsen, Saubohnen, Runkel, Lein (Flachs), Kohlformen, Spargel, Oliven, Rüben
6	**Äthiopisches Zentrum**	Hartweizen, zahlreiche Gerstenarten, Hirse, Kaffee
7	**Zentralamerikanisches Zentrum** – Südmexiko, Guatemala,	Mais, verschiedene Bohnenarten, Süßkartoffel, Sonnenblume, Baumwolle, Pfeffer, Papaya
8	**Südamerikanisches Zentrum** – Anden, Peru, Ecuador, Bolivien; tropisches Brasilien	Mais, verschiedene Baumwollarten, Kartoffel, Tomate, Tabak, Kürbis, Chinarinde, Ananas, Kakao, Kautschukbaum

4. Charakteristische Merkmale von Kulturpflanzen

Bei der Kultur von Pflanzen hat der Mensch von Anfang an darauf geachtet, nur solche Pflanzen zur Nachzucht zu verwenden, die erwünschte Eigenschaften in besonderem Maße besaßen oder bei denen unerwünschte Eigenschaften weniger ausgeprägt waren. Diese Einstellung galt gegenüber allen angebauten Pflanzen gleichermaßen. Daher kommt es, daß sich gewisse Eigenschaften bei fast allen Kulturpflanzen – gleich welcher Art – wiederfinden: sie sind typisch für Kulturpflanzen. Zu diesen Eigenschaften gehören:

1. **Gigaswuchs**; wertvoll selbst dann, wenn die Zahl der Früchte je Pflanze bei der Vergrößerung zurückgeht, weil größere Früchte rationeller zu ernten und zu verarbeiten sind.
2. **Gleiche Entwicklungsgeschwindigkeit**; zur Erleichterung von Pflege und Ernte müssen die Pflanzen eines Feldes zur gleichen Zeit keimen, sich synchron entwickeln, und das Erntegut muß gleichzeitig reif sein, damit eine einmalige, vollständige Ernte möglich ist. Bei Wildpflanzen wäre dies nachteilig, denn ungünstige Witterung könnte die ganze Population vernichten, wenn sich die Individuen nicht unterschiedlich entwickelten.
3. **Kürzere Entwicklungszeit**; die Verkürzung der Zeitdauer vom Keimen bis zum Fruchten verschafft raschere Ernte und verringert das Schadensrisiko durch Schädlinge oder Witterungsunbill. Manche Kulturpflanzen sind einjährig (Getreidesorten, Lein), während die wilden Stammformen zweijährig oder ausdauernd sind. Der entgegengesetzte Auslesevorgang hat bei Pflanzen stattgefunden, deren Wurzeln oder Blätter als Nahrung dienen, z. B. bei den Rüben- und Kohlarten. Bei ihnen sollen zunächst Speicherstoffe in Wurzeln, Stengeln und Blättern angereichert werden, so daß sie erst im zweiten Jahr zur Blüte kommen. Ihre Wildformen sind meist einjährig.
4. **Verlust von Verbreitungsmitteln**; Wildpflanzen haben Einrichtungen zur Förderung ihrer Verbreitung. Daran hat der Mensch kein Interesse, da er Früchte, Samen und Knollen selbst ernten will. Beim Getreide fallen die Körner nicht mehr aus den Spelzen, die Brüchigkeit der Spindel fehlt und bei vielen Sorten auch die zur Verbreitung durch Tiere dienenden widerhakigen Grannen. Die Kapseln des Mohns, die Hülsen von Erbsen und Bohnen öffnen sich nicht mehr zur Verstreuung der Samen. Die

Kartoffelknollen bilden sich nestförmig unter der Mutterpflanze und nicht mehr an zum Teil recht lang wachsenden und verschieden tiefen Ausläufern.

5. **Verlust von Schutzmitteln;** Wildpflanzen haben giftige Stoffe gegen Tierfraß oder im Stoffwechsel entstehende Abfallstoffe, wie z. B. Gerbstoffe, Bitterstoffe oder Fruchtsäuren. Kulturpflanzen haben wenig oder gar keine von diesen für ihre Verwertung ungünstigen Inhaltsstoffen. Die Wildformen unserer Obstsorten haben Dornen und Stacheln, den Obstbäumen fehlen die Dornen, und die Himbeeren und Brombeeren haben weniger Stacheln. Süßlupine, süße Mandel, einige Gemüsearten und Salat stammen von bitterstoffhaltigen Wildformen ab.
6. **Reichtum an Variationen;** Kulturpflanzen variieren stark in den Merkmalen, um deretwillen sie der Mensch anbaut (z. B. Kohl, Obst). Der Sortenreichtum beruht u. a. darauf, daß der Mensch auch solche Formen erhält, die sich im Wettbewerb in der freien Natur nicht halten können, weil die geschätzte Eigenschaft dort nachteilig wäre. Dies gilt für viele der bereits genannten typischen Kulturpflanzenmerkmale.
7. **Verlust der Samenbildung;** einige Kulturpflanzen, wie z. B. Banane und Ananas haben die Fähigkeit zur sexuellen Fortpflanzung verloren. Sie lassen sich aber vegetativ vermehren.

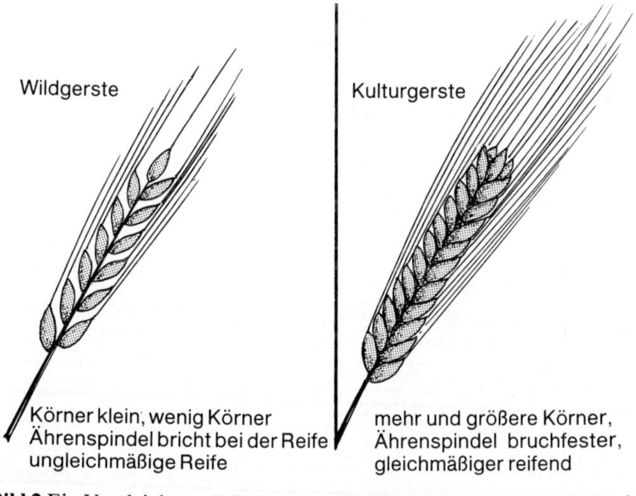

Bild 2 Ein Vergleich von Wild- und Kulturform derselben Art läßt den hohen Verwandtschaftsgrad deutlich erkennen. Der genutzte Teil der Pflanze ist bei der Kulturform jedoch erheblich größer.

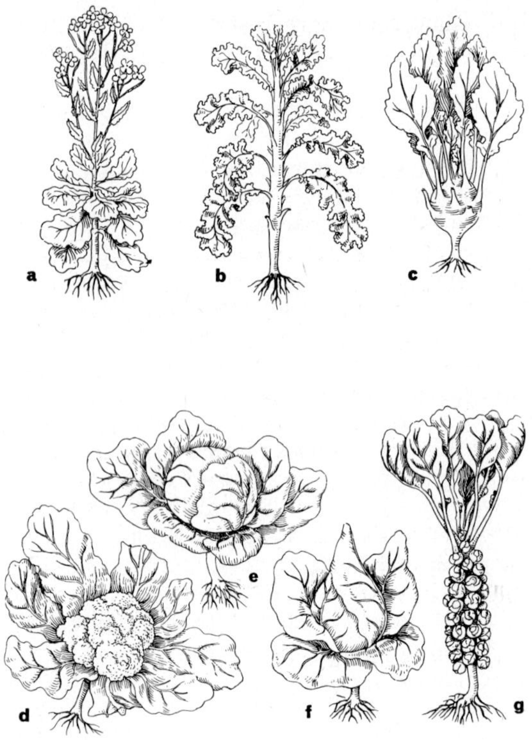

Bild 3 Umbildungen des Wildkohls unter dem Einfluß der Züchtung. a Wildkohl, b Krauskohl (Blätter), c Kohlrabi (Hauptsproß), d Blumenkohl (Blütenstand), e Rundkohl (Blätter und Sproß), f Spitzkohl (Blätter und Sproß), g Rosenkohl (Seitentriebe).

5. Die genetische Variabilität als Voraussetzung für die Entstehung von Kulturpflanzen

Die in der freien Natur vorkommenden Wildpflanzen einer Art sind nicht alle gleich; sie unterscheiden sich etwas in der Größe, in der Entwicklungsdauer, in der Aufblühzeit u. a.; sie variieren in fast allen Merkmalen mehr oder weniger. Sind die Unterschiede nur auf Umwelteinflüsse zurückzuführen, z. B. auf den Wasser- oder Nährstoffgehalt des Bodens, dann liegt der Variabilität keine genetische Verschiedenheit zugrunde. Eine Auslese – etwa nach der Größe der Frucht – ist dann erfolglos. Alle Nachkommen von großfrüchtigen und kleinfrüchtigen Individuen variieren in derselben Weise in Abhängigkeit von den Umweltbedingungen. Hemmende und fördernde Einflüsse bewirken eine Schwankung der Merkmale (z. B. der Größe) um einen Mittelwert. Man nennt diese Art der Variabilität eine Normalverteilung oder Zufallsverteilung (s. Abb. 5).

In der Regel ist eine Population von Wildpflanzen genetisch nicht völlig gleichartig zusammengesetzt. Das ist biologisch von beträchtlichem Nutzen. Auf diese Weise finden sich in einer Population stets Individuen, die plötzlich eintretende ungünstige Umweltbedingungen (Wetterkatastrophen, Schädlinge) besser überstehen als andere. Der Gesamtbestand der Population ist dadurch anpassungsfähiger und gegenüber plötzlichen Schadeinwirkungen weniger gefährdet.

6. Ziele der Pflanzenzüchtung

Während ursprünglich die Steigerung der Erträge aus den Pflanzenkulturen das alleinige Ziel der Züchtung war, werden gegenwärtig noch weitere Ziele verfolgt:

1. Erhöhung des Ernteertrags (je Flächeneinheit oder Pflanze),
2. Ertragssicherheit (Unempfindlichkeit gegen Frost, Nässe, Trockenheit),
3. Widerstandsfähigkeit gegen Schädlinge und Krankheiten,
4. Verbesserung der Qualität (z. B. des Vitamingehaltes, der Backfähigkeit, des Geschmacks, der Haltbarkeit, des Gehaltes an essentiellen Aminosäuren im Getreidekorn u. a.),
5. Verminderung gesundheitsschädlicher Stoffe (z. B. blausäurehaltiger Substanzen),
6. Sorten für bestimmte Boden- und Klimaverhältnisse,
7. Verträglichkeit für rationelle Arbeitsverfahren zur Arbeitsersparnis bei Anbau, Pflege und Ernte (z. B. gleichmäßige Reife, geringe Beschädigungsanfälligkeit),
8. Verkürzung der Vegetationszeit (Bsp. Reis),
9. Toleranz gegen Lang- oder Kurztagsbedingungen (Bsp. Kurztagspflanze Soja),
10. Morphologische Anpassung der Pflanzen als Folge der Ertragserhöhung (z. B. Standfestigkeit und Ausfallfestigkeit bei Getreidearten),
11. Anpassung der Ernteprodukte an Lagerung und Verarbeitung.

Die Zunahme des Kornertrags sei am Beispiel des Weizens aufgezeigt. Vor 200 Jahren lag der Kornertrag bei 7 Dezitonnen je Hektar, vor 100 Jahren bei 16 dt, vor 50 Jahren bei 30 dt und 1975 bei 45 dt. Ähnlich steil verlief die Hektarertragskurve bei Mais, Reis und Gerste; in den letzten 15 Jahren stieg der Hektarertrag um 50%.

Tabelle 3: Variabilität bei Kombinationszüchtung

Chromosomenzahl		Mögliche Kombinationen in	
diploid	haploid	Keimzellen	Zygoten
4	2	$2^2 = 4$	$4^2 = 16$
8	4	$2^4 = 16$	$16^2 = 256$
16	8	$2^8 = 256$	$256^2 = 65536$
2n	n	2n	$(2n)^2$

Bei einer haploiden Chromosomenzahl von nur 4 Chromosomen sind bereits 256 Varianten unter den Nachkommen möglich.

7. Die Methoden der Züchtung

Die Züchtung benützt folgende Wege zum Erreichen ihrer Ziele:

7.1. Auslesezüchtung

Aus einem gegebenen Pflanzenbestand werden solche Individuen zur Vermehrung und Nachzucht ausgewählt, die gewünschte Eigenschaften in höherem Grade zeigen als der Durchschnitt. Die Auslese ist nur dann erfolgreich, wenn die Abweichung der ausgelesenen Pflanzen genetisch bedingt ist. Man unterscheidet Massenauslese und Individualauslese.

Die **Massenauslese** ist die ursprünglichste Form der Auslese. Man verwendet zur Nachzucht nur Samen von Pflanzen mit den gewünschten Eigenschaften. Man wählt z. B. zur Aussaat nur die großen Getreidekörner oder die Bohnen aus den längsten Bohnenhülsen aus. Die Auswahl erfolgt hier rein nach der äußeren Erscheinung, dem *Phänotyp.* Die besondere Größe kann in einem Fall umweltbedingt, im andern Fall erbbedingt sein. Erst bei generationenlanger Nachzucht unter ständiger Auslese lassen sich erbbedingte Unterschiede herausselektieren.

Neben die positive Massenauslese tritt die negative, bei der alle Pflanzen von der Vermehrung ausgeschlossen werden, deren Merkmale den Züchtungszielen nicht entsprechen (z. B. viruskranke Pflanzen).

Die **Individualauslese** wählt nicht nach dem Merkmal der einzelnen Frucht aus, sondern betrachtet alle Früchte einer Pflanze und sondert für die Nachzucht solche Einzelpflanzen aus, bei der alle Früchte die gewünschte Eigenschaft aufweisen (z. B. fadenlose Bohnenhülsen).

Handelt es sich um *Selbstbefruchter,* so besteht ein Pflanzenbestand aus einem Gemisch meist vieler reinerbiger Formen (*reiner Linien*), die sich geringfügig unterscheiden. Die Nachkommen einer Einzelpflanze sind also homozygot in bezug auf die betrachtete Eigenschaft. Von der Nachkommenschaft liest man solche aus, die dem Wunschbild am nächsten kommen.

Bei *Fremdbefruchtern* muß man dafür sorgen, daß die Mutterpflanzen nur mit Pollen von Pflanzen bestäubt werden, die ebenfalls die gewünschte Eigenschaft haben. Nach einer Reihe von Ge-

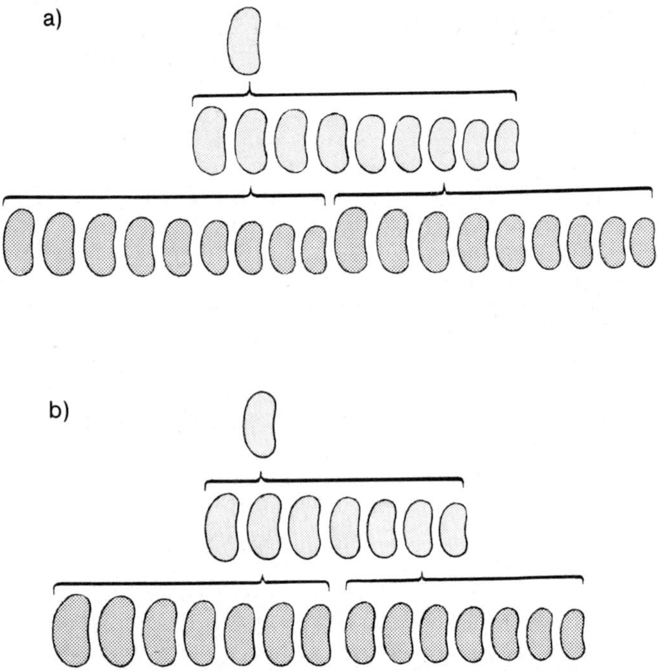

Bild 4 a Variabilität erbgleicher Individuen. Innerhalb einer reinen Linie ist die Auslese wirkungslos. b Variabilität in einer Population aus erbungleichen Individuen. Auslese auf unterschiedliche Größe der Bohnen ist erfolgreich.

nerationen unter fortgesetzter Auslese der besten Nachkommen erreicht man eine einheitliche Züchtung in der angestrebten Richtung.

Die Auslese ist eine Methode, nach der auch die Natur arbeitet. Je nach den Umweltbedingungen werden Pflanzen mit bestimmten Erbanlagen gefördert und andere gehemmt. So kommt es im Laufe der Generationen zu einer Anpassung der Formen an die jeweils herrschenden Umweltbedingungen: Es entstehen z. B. Sorten, die an trockenen und solche, die an feuchten Boden besonders gut angepaßt sind. Man spricht dann von »natürlicher Zuchtwahl«.

Als der Mensch mit dem Anbau von Nutzpflanzen begann, hat er sicher unbewußt bereits Auslese getrieben. Das galt z. B. für die

Züchtung auf Verlust des Keimverzugs. Die Samen von Wildpflanzen keimen nie zur gleichen Zeit. Dies ist biologisch sehr sinnvoll; so kommen nie alle Keimlinge gleichzeitig unter den Einfluß einer ungünstigen Witterung, was die Vernichtung des ganzen Nachwuchses bewirken könnte. Der Keimverzug eines Teils der Samen kann eine Dauer von Tagen bis zu vielen Monaten haben. Sicher hat der Mensch eben solche Pflanzen weiter gezüchtet, die sich ohne Keimverzug nach der Aussaat entwickelten.

Die Richtung der Auslese ist seit Jahrtausenden die gleiche geblieben und verläuft bei vielen Kulturpflanzen parallel: Verkürzung der Entwicklungszeit, Größenzunahme der genutzten Organe, Schädlings- und Krankheitsfestigkeit, Zähigkeit der Ährenspindel bzw. Platzfestigkeit der Früchte (Lupine, Raps, Mohn).

Auslese ist auch ein wesentlicher Teil der nachfolgend geschilderten Verfahren, die im Grunde alle nur die Aufgabe haben, neues Material für die Auswahl zu schaffen, also die Variationsbreite zu vergrößern.

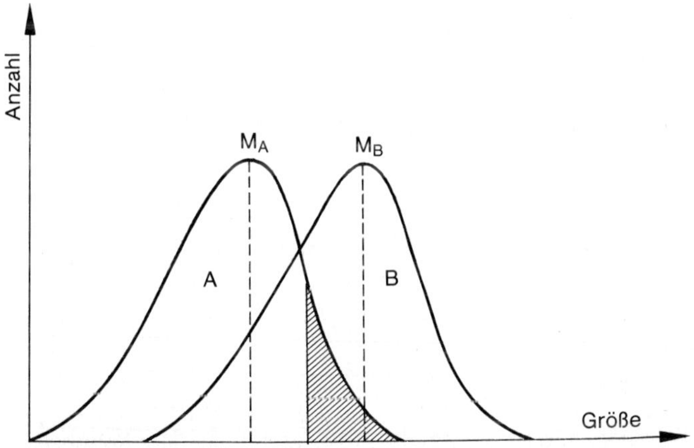

Bild 5 Pflanzen einer Art, auf den Feldern A und B unter verschiedenen Bedingungen gewachsen, werden nach Größe und Anzahl geordnet. Kurve A zeigt die Größenverteilung der Pflanzen auf Feld A; M_A ist die am häufigsten auftretende Größe. Kurve B zeigt die Größenverteilung der Pflanzen auf Feld B; M_B ist die häufigste Größe. Verwendet man Pflanzen der schraffierten Größen von Feld A zur Weiterzucht, erhält man auf den Feldern A und B wieder die gleichen Verteilungskurven der Größe, wenn die Pflanzen genetisch gleich sind. Sind die Pflanzen aber genetisch ungleich, werden die Nachkommen im Mittel etwas größer, und die Verteilungskurven verschieben sich nach rechts.

7.2. Kombinationszüchtung

Durch Kreuzung verschiedener Genotypen (Rassen oder Sorten) einer Art läßt sich eine neue genetische Variationsbreite zur Auslese für erwünschte Zuchtziele erreichen, und zwar aus folgenden Gründen:

a) Gene wertvoller Eigenschaften, die auf die beiden Eltern verteilt waren, können in einem neuen Genotyp vereinigt werden.
b) Durch die Kreuzung können ganz neue Eigenschaften auftreten. Sie entstehen durch das Zusammenwirken von Genen, die von den beiden genotypisch verschiedenen Eltern stammen.
c) Durch die Kreuzung können auch erwünschte Merkmale verstärkt oder unerwünschte unterdrückt werden.

Das Ziel ist klar, aber der Weg dazu oft schwierig.
In vielen Fällen weiß man zunächst nicht, ob das gewünschte Merkmal bei den zu kreuzenden Pflanzen reinerbig vorliegt oder nicht, ob es durch viele Gene (polygen) oder nur durch ein Gen (monogen) bedingt ist, ob das zuständige Gen dominant oder rezessiv ist oder noch weitere, vielleicht sogar schlechte Eigenschaften mitbedingt, also Polyphänie vorliegt. Auch bei der praktischen Durchführung der Kreuzung können Schwierigkeiten auftreten. Sorten, die gekreuzt werden sollen, blühen nicht immer zur gleichen Zeit; sie müssen dann in Gewächshäusern mit unterschiedlicher Temperatur herangezogen werden, um gleiche Blühzeit zu erreichen.

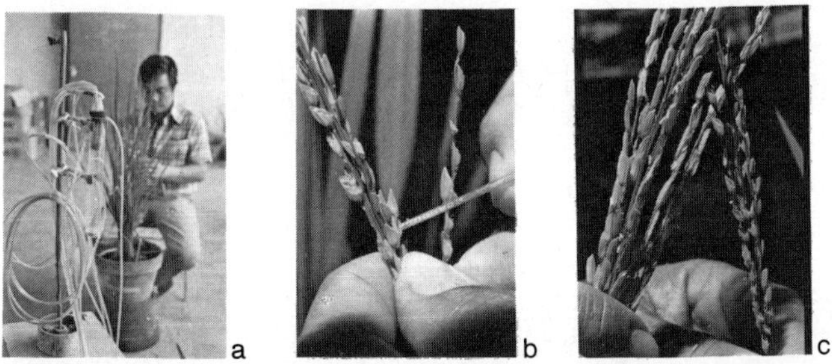

Bild 6 Künstliche Bestäubung bei Reis. a Zur Vorbereitung werden an den Blütenrispen die Blüten im oberen und unteren Drittel entfernt und bei den verbleibenden Blüten die Spitzen mit den noch unreifen Staubbeuteln abgeschnitten. b Nicht erfaßte Staubblätter saugt man mit einem Glasrohr ab, um Selbstbefruchtung zu verhindern. c Bestäubt wird mit blühenden Rispen der einzukreuzenden Pflanzen. Anschließend deckt man die bestäubten Rispen mit Pergamenttaschen ab.

Bei der Kreuzung läßt sich zwar der Pollen der einen Sorte mit Pinseln auf die Narben der andern Sorte übertragen; es muß aber dafür gesorgt werden, daß kein unerwünschter Pollen auf die Narben kommt, d. h. die Blüten müssen abgeschirmt und ihre Staubfäden zur Verhinderung von Selbstbestäubung entfernt werden.

Mit der einzukreuzenden wertvollen Eigenschaft werden oft auch unerwünschte Eigenschaften übertragen. Das ist besonders unangenehm, wenn ihre Gene miteinander gekoppelt sind, weil sie auf dem gleichen Chromosom liegen. Dann gilt es, in einer Riesenzahl von Individuen nach Koppelungsbrüchen (Crossing-over) zu suchen. Die eingeschleppten unerwünschten Eigenschaften müssen durch weitere Kreuzungen mit Individuen, die sie nicht haben, wieder verdrängt werden (*Verdrängungskreuzung*). Auch aus anderen Gründen sind der Kombinationszüchtung zur Schaffung leistungsfähigerer Kulturpflanzen (Hochzuchten) natürliche Grenzen gesetzt. Einzelne Gene können z. B. mehrere Merkmale kontrollieren und dadurch positive Eigenschaften mit negativen gekoppelt sein. Grenzen gibt es auch aus physiologischen Gründen: Frühkartoffeln lassen sich nicht auf gleich hohe Flächenerträge züchten wie die weit länger assimilierenden Spätkartoffeln.

Will man Gene von verschiedenen Pflanzenarten, die sich nicht miteinander kreuzen lassen, zusammenbringen, so muß man dazu eine Brückenart benutzen, die in der Mitte zwischen beiden Arten steht und sich mit jeder kreuzen läßt. Über diese Brückenart lassen sich dann Gene von der einen Art in die andere einkreuzen. Die Möglichkeit einer Kreuzung über Brückenarten ist ein wichtiger Grund für den Schutz wildwachsender Pflanzenarten. Ihre Ausrottung bedeutet einen Verlust an Genen, die eines Tages für die Bedürfnisse des Menschen wichtig werden könnten.

7.3. Hybridzüchtung

Durch künstliche mehrjährige Selbstbestäubung erhält man nahezu homozygote Inzuchtlinien. Kreuzt man zwei solcher Linien miteinander, tritt bei der Tochtergeneration (F1-Hybriden) oft eine auffallende Mehrleistung auf (z. B. mehr und größere Früchte). Man bezeichnet diese Mehrleistung als **Heterosis.** Die Nachkommen der F1-Hybriden liegen in der Leistung zwischen den F1-Hybriden und den Ausgangsformen. Zur vollen Nutzung der Heterosi wird das Saatgut deshalb stets neu durch Kreuzung von zwei verschiedenen Inzuchtlinien hergestellt.

Die Heterosis ist umso deutlicher, je größer der genetische Unterschied zwischen den Elternformen ist, je mehr Gene also in unterschiedlichen Allelen vorliegen. Es ist möglich, daß bei den Hybriden die jeweils günstigeren Allele über die ungünstigeren dominieren. Es kann auch sein, daß z. B. das Allel A und das Allel a zwar ein Enzym gleicher Wirkung, aber mit unterschiedlichem Temperaturoptimum codieren. Die heterozygote Hybride kann dann die betreffende Stoffwechselreaktion auch bei wechselnder Witterung optimal durchführen.

7.4. Mutationszüchtung

Natürlich auftretende Mutationen (Erbänderungen) sind selten. Bei Genen rechnet man mit einer Wahrscheinlichkeit von 10^{-6}–10^{-8} Mutationen pro Generation. Man muß deshalb riesige Bestände von Pflanzen untersuchen, um eine zufällig auftretende erwünschte Mutation aufzufinden. Unter vielen Millionen Exemplaren kann z. B. auch einmal eine Lupinenpflanze auftreten, welcher der sonst vorhandene Bitterstoff fehlt und die sich deshalb als Futterpflanze eignet. Ähnlich lange und mühsam muß man suchen, um eine Mohnpflanze zu finden, bei der sich an der reifen Kapsel die Poren nicht oder nur teilweise öffnen, so daß die Samen bis zur Ernte in der Kapsel bleiben.

Mutationen lassen sich auch künstlich auslösen durch Röntgen- und Neutronenstrahlen, Kälte- oder Wärmeschocks, sowie durch mutagene chemische Stoffe (z. B. Colchicin, Ethylimin, Ethylmethansulfonat = EMS). Die Mutagene läßt man vor allem auf Samen einwirken. Weitaus die meisten der Mutanten sind allerdings defekt, viele gar nicht lebensfähig. Die Wahrscheinlichkeit, durch künstliches Mutieren brauchbare neue Formen für die Weiterzucht zu gewinnen, ist deshalb sehr gering, so daß in der Regel erst eine große Zahl von Versuchen einigen Erfolg verspricht.

Mutationen, die in Körperzellen auftreten, sog. somatische Mutationen, werden dann nicht an die Nachkommen weitergegeben, wenn aus solchen Zellen bei der Weiterentwicklung keine Keimzellen entstehen. Sind aber Zellen einer Knospe mutiert, aus der sich ein Sproß mit anderen Erbeigenschaften entwickelt, kann die Mutation durch Pfropfung oder Samen vom mutierten Sproß weitergezüchtet werden. Entstehen Mutationen in der »Keimbahn« (Zellfolge, von der Zygote bis zur Bildung neuer Keimzellen), so sind Pollen und Eizellen solcher Pflanzen mutiert.

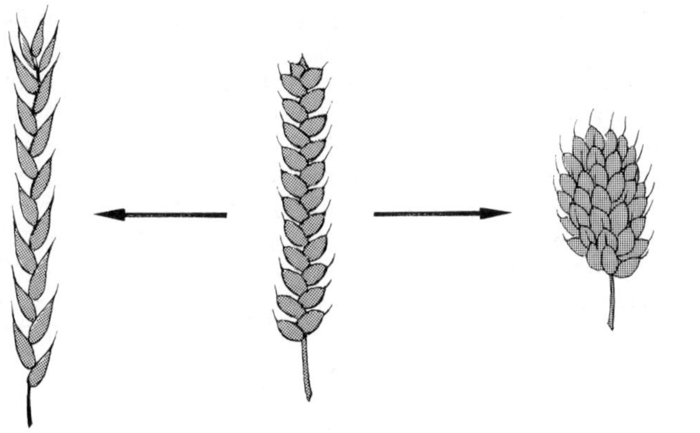

Bild 7 Chromosomenmutation bei Weichweizen. Die linke Mutante ist durch Verdoppelung eines Chromosomenstücks zustande gekommen, die rechte Mutante durch den Verlust eines Stücks. (Nach Funkkolleg Biologie 1974.)

Man unterscheidet

a) Gen-Mutationen: Nur ein Gen ist mutiert. Die verschiedenen Kohlformen beruhen auf Gen-Mutationen.
b) Chromosomen-Mutationen: Mehrere Gene eines Chromosoms sind betroffen, es kann ein Verlust, eine Verlagerung oder Verdoppelung von Genen innerhalb eines Chromosoms auftreten. Die Wirkung eines Gens hängt oft von den Nachbar-Genen und damit vom Ort ab, den es innerhalb der übrigen Gene des Chromosoms einnimmt (Positionseffekt).
c) Genom-Mutationen: Der Gesamtbestand der Chromosomen, das Genom, ist verändert. Wird die Zahl der Chromosomen um ein oder mehrere Chromosomen vermehrt oder vermindert, so spricht man von *Aneuploidie*. Der Kulturlein (Flachs) ist z. B. durch Verlust eines Chromosoms aus einer Wildform entstanden. Auch die meisten Kernobstsorten sind aneuploid. Als *Euploidie* bezeichnet man die Verdoppelung (Diploidie) oder Vervielfachung des ganzen Chromosomensatzes (Polyploidie). Den Grad der »Ploidie« kann man als Vielfaches der Grundzahl *n* ausdrücken, mit der man die Zahl der Chromosomen im einfachen (haploiden) Chromosomensatz bezeichnet.

Eine Folge der Polyploidie ist oft der sog. *Gigaswuchs* (Riesenwuchs). Gigaspflanzen sind größer, robuster, haben größere Früchte und Samen, oft auch dicke, fleischige Wurzeln (Rüben). Auch vermögen sich polyploide Formen besser an andere Klima- und Bodenverhältnisse anzupassen, was ihre Verbreitung begünstigt.

Viele der heutigen Kulturpflanzen sind polyploid gegenüber ihren wilden Stammformen. Offensichtlich ist der Mensch bei der jahrtausendelangen Auslese auch auf natürlich entstandene polyploide Formen gestoßen und hat diese wegen ihrer größeren Organe weitergezüchtet. Gigaswuchs ist in der Regel nicht durch vermehrte Zellenzahl, sondern durch Vergrößerung der Zellen verursacht. Die Verdoppelung der Chromosomenzahl führt ungefähr zur Verdoppelung des Zellvolumens.

Polyploidiezüchtung. Polyploidie läßt sich künstlich durch Colchicin, ein Alkaloid der Herbstzeitlose, erzeugen, indem man den Vegetationskegel des Sprosses damit behandelt. Dadurch wird die Ausbildung von Spindelfasern bei der Zellteilung (Mitose) gestört. Die Chromatiden wandern nicht an die entgegengesetzten Pole der sich teilenden Zelle, sondern bleiben nebeneinander liegen und werden in einen Kern eingeschlossen. Die Querwandbildung unterbleibt, so daß eine Zelle mit nunmehr doppelter Chromosomenzahl entsteht. Aus der diploiden Zelle mit 2 Chromosomensätzen wird eine tetraploide Zelle mit 4 Chromosomensätzen. Alle von dieser Zelle abstammenden Zellen weisen dann diese Doppelung der Chromosomensätze auf.

Durch Hemmung der Reifeteilung (Meiose) können statt haploiden Keimzellen (ein Satz mit n Chromosomen) diploide Keimzellen entstehen (2 n). Bei der Befruchtung mit einer normalen Keimzelle (n) entsteht eine triploide Zygote (3 n). Das zufällige Zusammentreten von zwei diploiden Keimzellen ergibt eine tetraploide Zygote (4 n). Auf dieselbe Weise können auch Pflanzen mit 16fachen Chromosomensätzen (16 n) entstehen. Fortpflanzungsfähig (fertil) sind allerdings nur geradzahlige Polyploide. Bei ungeradzahligen Chromosomensätzen, wie auch bei einzelnen überzähligen oder fehlenden Chromosomen, treten Störungen in der Reduktionsteilung auf (vgl. Studienreihe Biologie, Band 1: Genetik und Molekularbiologie); dies hemmt die Ausbildung befruchtungsfähiger Keimzellen.

Bei der Zuckerrübe liefern triploide Formen den höchsten Zuckerertrag. Sie sind jedoch steril, können also nicht direkt vermehrt werden. Zur Zucht sät man daher Gemische von diploiden und tetraploiden Samen aus, so daß häufige Bastardierung eintritt und das Versuchsfeld ein Gemisch von diploiden, triploiden und tetraploiden Samen liefert. Dieses Gemisch liefert man den Bauern; der Zuckerertrag wird auf solche Weise höher, als wenn man nur Diploide oder Tetraploide anbaute.

Entsteht ein Bastard aus der Kreuzung zweier verschiedener Pflanzenarten, so ist er normalerweise steril (unfruchtbar), weil sich der Chromosomensatz des männlichen Elters von dem des weiblichen unterscheidet und deshalb bei der Paarung der Chromosomen in der Meiose nicht jedes Chromosom einen homologen Partner findet. Verdoppelt sich nun der diploide Chromosomensatz, so verdoppelt sich der Chromosomensatz vom männlichen und der vom weiblichen Elter, es entstehen also tetraploide Zellen und aus solchen Zellen dann diploide Keimzellen mit je einem Chromosomensatz von jedem der beiden Ausgangseltern. Ein solcher Bastard ist fertil. Weil die Polyploidie in diesem Fall sich aus unterschiedlichen Chromosomensätzen aufbaut, spricht man von *Allopolyploidie* (gr. *allos* anders) im Gegensatz zur *Autopolyploidie*, bei der der arteigene Chromosomensatz vervielfacht ist. Bezeichnet man den haploiden Satz Chromosomen (das *Genom*) der Art A mit A und den der Art B mit B, läßt sich die Entstehung von Autopolyploidie und Allopolyploidie folgendermaßen darstellen:

Autopolyploidie: $$AA \rightarrow AA \xrightarrow{\text{Verdoppelung}} AAAA$$

Allopolyploidie: $$\begin{matrix} AA \\ \times \\ BB \end{matrix} \longrightarrow \begin{matrix} AB \\ \text{(Bastard)} \end{matrix} \xrightarrow{\text{Verdoppelung}} AABB$$

Viele Kulturpflanzen sind allopolyploid. So besitzen die heutigen allohexaploiden Weizensorten $n = 42$ Chromosomen, während die Stammarten Einkorn $n = 14$ und Emmer $n = 28$ Chromosomen aufweisen (die Chromosomen-Grundzahl der Gattung Weizen ist $n = 7$).

Allopolyploidisierungen bei Artbastarden werden vom Züchter mittels *Colchicin* künstlich hervorgerufen. Dies gelang z. B. auch bei einem Bastard von Kohl und Rettich. Nach anschließender Polyploidisierung entstand eine neue Pflanzenart, der Rettichkohl. Er hatte jedoch die Blätter des Rettichs und die Wurzeln des Kohls – Züchterpech, denn das Zuchtziel war umgekehrt.

Von Interesse sind auch die Versuche, allopolyploide Kulturpflanzen aus den Ausgangsformen wieder neu nachzuzüchten und damit den geschichtlichen Entstehungsprozeß zu wiederholen. Da man von verbessertem Ausgangsmaterial ausgehen kann, ergibt sich bei der Neusynthese auch eine bessere Kultursorte (z. B. bei der Nachzüchtung des Weizens aus den Stammformen, s. Abb. 8).

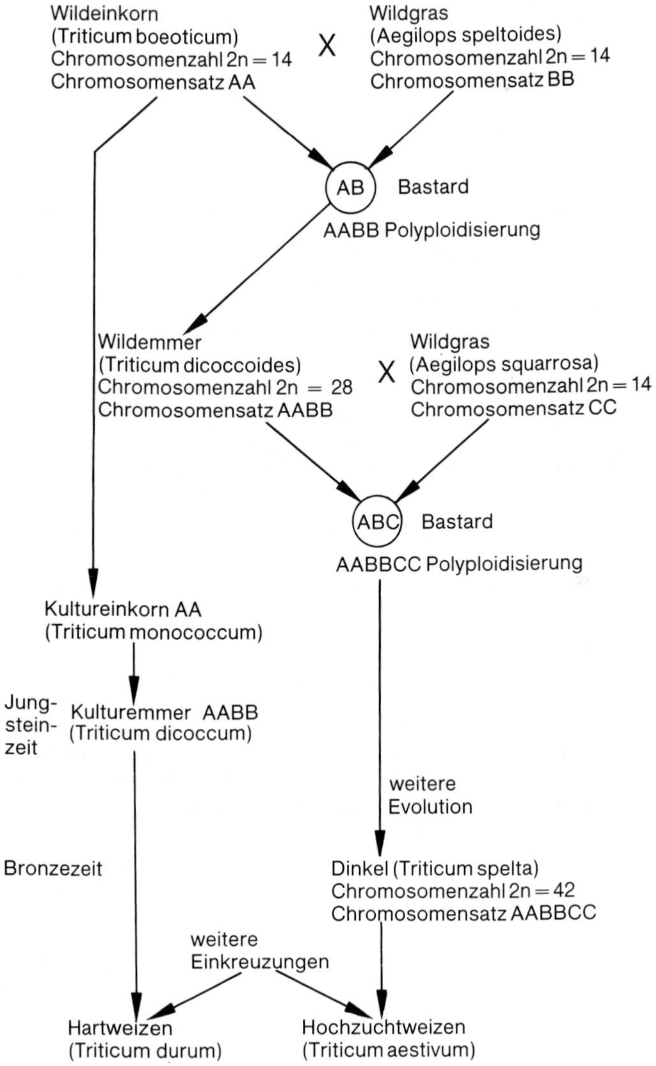

Bild 8 Entstehung des Kulturweizens durch Kreuzung und Polyploidisierung. Auf dem dargestellten Weg ist aus den Ausgangsformen die Re-Synthese (Nachzüchtung) des Kulturweizens gelungen.

Bei der Kombinations- und Mutationszüchtung hat der Züchter mehr mit unerfreulichen als mit erfreulichen Ergebnissen zu rechnen. Er muß deshalb Versuchskreuzungen in großer Zahl durchführen, um die Erfolgswahrscheinlichkeit zu erhöhen.

Neben der Ertragssteigerung zielt die Züchtung ebenso sehr auf eine Verbesserung der Qualität: höherer Eiweiß- und Fettgehalt, höhere Wertigkeit des Eiweißes, Steigerung der Backfähigkeit oder des Vitamingehaltes, Verbesserung des Geschmacks oder der Haltbarkeit. Die heutigen Züchtungsziele berücksichtigen zudem die Verwendung rationeller Arbeitsverfahren, d.h. Arbeitskräfte sparende und maschinell zu bewältigende Anbau- und Ernteverfahren: standfeste Getreidesorten mit fester Ährenspindel für den Mähdrusch, einsamige Früchte bei der Zuckerrübe, um das Ausjäten nebeneinander aufgehender Keimlinge überflüssig zu machen und maschinell ernten zu können, Buschbäume im Obstbau zur leichteren Pflege und Ernte. Von großer Bedeutung ist heute auch der Anbau wertvoller Kulturpflanzen in Ländern, in denen sie bisher nicht vorkamen. Hier muß die Züchtung durch Anbauversuche und Kreuzungen verschiedenster Sorten Ökotypen gewinnen, die unter den neuen Klima- und Bodenverhältnissen wirtschaftlich befriedigende Ergebnisse liefern.

7.5. Erhaltungszüchtung

Ist im Laufe der Züchtung eine Sorte mit günstigen Eigenschaften erreicht, so ist eine weitere Verbesserung der Population mit dem vorhandenen Genbestand nicht mehr möglich. Es besteht im Gegenteil die Gefahr, daß durch unbeabsichtigte Einkreuzung nachteiliger Gene über Pollen von anderen Sorten wieder eine Verschlechterung der Eigenschaften auftritt. Auch spontan entstehende ungünstige Mutationen können den Genbestand verschlechtern. Man muß deshalb die Auslese ständig fortsetzen und spricht dann in diesem Fall von Erhaltungszüchtung. Bei Selbstbefruchtern, wo der Pollen von der gleichen Pflanze stammt, ist die Gefahr geringer, bei Fremdbefruchtern wird der Zutritt fremder Pollen nach Möglichkeit verhindert (Isolation der Pflanze für die Saatgutgewinnung, Schutzvorrichtung gegen Pollen- und Insektenflug).

7.6. Protoplastenzüchtung

Nackte Protoplasten werden in Nährmedien bis zu vollständigen, blühfähigen Pflanzen aufgezogen. Mit Hilfe von Enzymen läßt sich bei Pflanzenzellen die Zellwand auflösen. Verschmelzen nun zwei Protoplasten von verschiedenen Pflanzenarten, erhält man *somatische Hybrid-Protoplasten,* die sich in Nährmedien zu ganzen Pflanzen entwickeln. Man hofft auf diese Weise Hybridarten zu erhalten, welche die klassische Pflanzenzüchtung nicht erreichen kann. Möglicherweise lassen sich in Protoplasten mit Hilfe von Viren auch Gene gezielt einführen (Genverpflanzung, s. Studienreihe Biologie, Band 1 Genetik) und dann aus den Protoplasten ganze Pflanzen gewinnen.

Haploidenzüchtung. Aus Pollenkörnern oder Teilen von Samenanlagen kann man Zellkulturen und schließlich Pflanzen heranziehen. Diese sind zunächst haploid. In der Regel tritt aber schon im Jugendstadium der Pflanze spontan eine Diploidisierung ein. Dabei entstehen völlig homozygote Pflanzen. Mutierte Gene liegen dann immer doppelt vor, je eines in den beiden homologen Chromosomen. Auch wenn die Mutation rezessiv ist, muß sie im Phänotyp deshalb in Erscheinung treten. Dies ist für die Praxis von Vorteil; man spart dann weitere Kreuzungsversuche, um rezessive Gene aufzuspüren, und daher viel Zeit. Bei einer über Haploiden-Zucht durchgeführten Verbesserung von Tabaksorten benötigte man zur Erzielung eines bestimmten Zuchtergebnisses zwei Jahre. Die klassische Züchtung hätte hierzu wahrscheinlich etwa zehn Jahre gebraucht, außerdem erreicht der Züchter auf klassischem Wege praktisch nie völlig homozygote Individuen.

7.7. Züchtung von Mikroorganismen

Die vom Menschen zum Teil erst in jüngster Zeit in Nutzung genommenen Mikroorganismen (Algen, Pilze, Bakterien) sind meist noch Wildformen, doch wird auch bei ihnen eine ständige Auswahl in Richtung höherer Leistungsfähigkeit getroffen.

8. Grenzen der Pflanzenzüchtung

Was aus einer Pflanzenart bei der Züchtung herauszuholen ist, bestimmt der Gesamtbestand der in der Population vorhandenen Gene – der Gen-Pool. Eigenschaften, für die im Gen-Pool kein einziges Gen vorhanden ist, können auch nicht durch Züchtung aus der Pflanzenart herausgeholt werden. Über die in den Genen des Gen-Pools liegenden Möglichkeiten kommt die Züchtung nicht hinaus. Hier liegt solange eine unübersteigbare Grenze bis durch Einkreuzung verwandter Wildformen oder durch Mutationen neue Gene in den Gen-Pool kommen; dann lassen sich die in diesen Genen enthaltenen Möglichkeiten züchterisch nutzbar machen. Deshalb kann man die Größe einer Frucht oder den Fettgehalt eines Samens durch Züchtung nicht beliebig steigern. Ebenso können Eigenschaften, wie z. B. eine bestimmte Blütenfarbe, nicht herausgezüchtet werden, wenn im ganzen Gen-Pool keine Gene für die zur Bildung dieser Farbe notwendigen Enzymkette vorhanden sind. So hat z. B. die ganze Familie der Kakteen kein Anthozyan. Es lassen sich deshalb keine blaublühenden Kakteen züchten; ihnen fehlen die Gene, welche die Enzyme für die Synthesekette dieser Farbstoffe bilden.

9. Krankheiten und Schädlinge

Es gibt sehr viele verschiedene Möglichkeiten, wie sich Krankheiten und Schädlinge auf Nutzpflanzen auswirken können. **Krankheiten und Schädlinge**

- befallen die Pflanzen in verschiedenen Entwicklungsstadien. Während die einen nur Samen oder Keimlinge angreifen, sind andere nur auf blühenden oder fruchtenden Pflanzen zu finden.
- befallen meist nur einen bestimmten Teil der Pflanzen. So gibt es zum Beispiel Blattkrankheiten und Wurzelkrankheiten.
- sind oft zum Angriff auf bestimmte Pflanzenteile speziell eingerichtet. Der Stengelbohrer beim Reis zum Beispiel hat seine Mundwerkzeuge so umgebildet, daß er gerade diese Stengel gut anbohren kann.
- sind in ihrem Auftreten oft witterungsabhängig: Viele Pilzkrankheiten treten z. B. nach anhaltenden Regenfällen vermehrt auf.
- können infolge unsachgemäßer Kulturmaßnahmen auftreten: In einem dichten, schlecht durchlüfteten Pflanzenbestand kann sich eine Krankheit schneller ausbreiten, als in einem lockeren.
- können einseitig auf eine bestimmte Kulturpflanzenart ausgerichtet sein oder alle Arten ohne Unterschied angreifen.

Die **Schadbilder** sind von der Art der Krankheitserreger abhängig:

Viren leben und entwickeln sich ausnahmslos im Innern von Zellen; sie veranlassen die Zellen zur Bildung weiterer Viren. Dadurch wird der Stoffwechsel der Zellen empfindlich gestört. Viruskrankheiten sind äußerlich an Ausbleiben des Blattgrüns, Kräuselung der Blattspreite u.a. gut zu erkennen. Sie sind gefürchtet, denn die Erreger werden durch stechendsaugende Insekten (Blattläuse) schnell verbreitet und lassen sich außerdem nicht mit chemischen Mitteln bekämpfen.

Bakterien leben meist innerhalb der Zellen oder von Zellabsonderungen. Sie vermehren sich unter günstigen Bedingungen sehr schnell und schädigen dann durch ihre Stoffwechselprodukte den Stoffwechsel der Pflanze. Bakterienkrankheiten erkennt man oft am vorzeitigen Faulen befallener Pflanzenteile.

Pilze entwickeln sich meist in den Interzellularräumen. Sie füllen diese Hohlräume aus und verstopfen sie, was zum Absterben der Pflanze führt, sobald das Schwammparenchym der Blätter oder die Leitgewebe von Pilzfäden ausgefüllt werden. Meist sind

Pilze so lange ungefährlich, wie die Pflanze ihre volle Lebenskraft besitzt. Werden die Pflanzen aber durch äußere Umstände geschwächt, nehmen die Pilze sofort überhand.

Unter den tierischen Schädlingen stellen die Gruppen der **Insekten** und der **Nematoden** die meisten Schädlinge. Viele **Insektenlarven** richten Fraßschäden bei den Nutzpflanzen an. Die Befallzeit hört jedoch in den meisten Fällen mit der Verpuppung der Schadinsekten auf. Oft können sich dann die geschädigten Pflanzen durch Ausbildung neuer Triebe vom Befall erholen.

In selteneren Fällen sind es die **geschlechtsreifen Insekten** (Maikäfer), die vor der Eiablage größere Mengen Pflanzenmaterial fressen und so zu Schädlingen werden. Andere (Zikaden, Wanzen) stechen die Pflanzen an, um zu saugen und schädigen so die Pflanzen durch Nährstoffentzug sowie als Überträger von Viren.

Die Schädlinge unter den **Nematoden** sind meist mikroskopisch kleine Würmer. Sie leben im Boden und fressen die unterirdischen Teile der Pflanzen an, also die Wurzeln, Wurzelspeicher und Knollen. Zu den tierischen Schädlingen mit geringerer Bedeutung gehören Milben, einige Vogelarten, die zuweilen Saat- oder Erntegut fressen, sowie von den Säugetieren vor allem einige Nagetierarten, die den Boden durchwühlen und unterirdische Pflanzenteile anfressen.

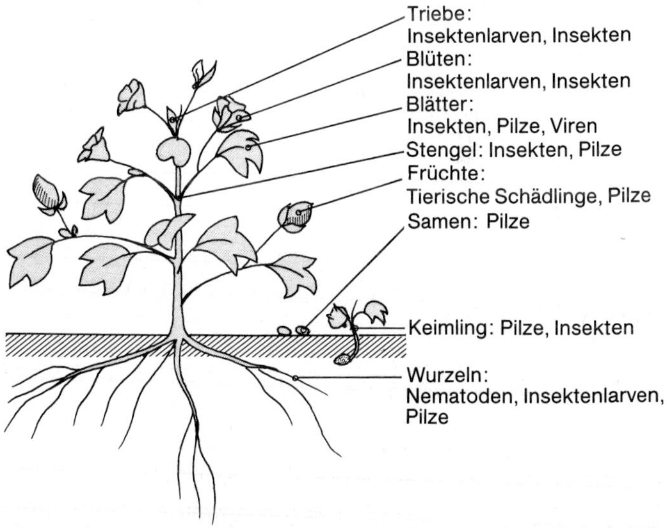

Bild 9 Bevorzugte Angriffsorte für Krankheiten und Schädlinge, gezeigt am Beispiel einer Baumwollpflanze.

10. Pflanzenschutz durch Schädlings- und Unkrautbekämpfung

10.1. Begründung

Reinkulturen einer einzigen Pflanzenart sind stets unnatürlich, in der Landwirtschaft, aus Gründen des Ertrags, der Pflege und der Ernte aber notwendig. Solche Monokulturen begünstigen jedoch die Vermehrung und Ausbreitung von Krankheiten (Pilze, Bakterien, Viren) und tierischen Schädlingen der angebauten Kulturpflanzen. Den Schädlingen steht ja in den Reinbeständen ihre Nahrung in geradezu idealer Weise zur Verfügung. Die Schädlinge sind deshalb Nahrungskonkurrenten des Menschen.

Während in natürlichen Systemen jede Zunahme der Schädlinge durch Vermehrung ihrer Feinde rasch wieder gedämpft wird, finden die natürlichen Feinde in den Monokulturen oft keine geeigneten Lebensbedingungen.

Ein weiterer Grund der besonderen Gefährdung von Kulturpflanzen durch Krankheiten und Schädlinge liegt in ihrer erhöhten Anfälligkeit. Kulturpflanzen haben durch die Züchtung oft ihren bei den Stammformen vorhandenen natürlichen Schutz verloren (vgl. Abschnitt 5, Fraßschutz).

Der notwendig gewordene, ständige Pflanzenschutz rettet zwar etwa ein Viertel der Welternte, trotzdem geht noch immer rund ein Viertel der Ernte durch Schädlinge verloren. Nun sollen aber die Pflanzenschutzmaßnahmen nicht nur die quantitativen Ernteverluste mindern, sondern auch den hohen Qualitätsansprüchen der Verbraucher dienen, die z. B. schorfiges oder madiges Obst oder angefressenes Gemüse ablehnen. Ganz allgemein läßt sich feststellen: je intensiver der Pflanzenbau, desto notwendiger der Kampf gegen Pflanzenkrankheiten, Schädlinge und Unkrautkonkurrenz.

10.2. Biologische Schädlingsbekämpfung

Sinnvolle pflanzenhygienische Maßnahmen stärken die Widerstandskraft der angebauten Pflanzen oder verringern die Wahrscheinlichkeit für das Auftreten von Schädlingen.

Zu solchen Maßnahmen gehören:

1. Richtige Standort- und Sortenwahl

Der Anbau nicht standortgerechter Sorten, die an die bestehenden Boden- und Klimaverhältnisse weniger gut angepaßt sind, erhöht die Anfälligkeit gegen Schädlinge.

2. Geeignete Pflege- und Anbauverfahren
   Je nach den Bodenverhältnissen fördern Lockerung oder Festigung des Bodens, Bewässerung oder Entwässerung die Entwicklung der Pflanzen und verbessern damit auch die Widerstandskraft gegen Schädlinge. Ausreichende Standweite der Pflanzen z. B. verhindert eine zu hohe Luftfeuchtigkeit im Bestand und hemmt damit die Entwicklung von Schadpilzen; das Schneiden der Bäume fördert außerdem die Durchlichtung der Krone.
3. Zweckmäßige Düngung
   Einseitige Stickstoffüberdüngung begünstigt viele Krankheitserreger, wogegen eine ausgewogene, auch Spurenelemente enthaltene Düngung die Standfestigkeit und die Widerstandskraft stärken.
4. Passender Aussaatzeitpunkt
   Rasches Keimen und Heranwachsen mindern das Schädlingsrisiko.
5. Fruchtwechsel
   Mehrmaliger Anbau der gleichen Pflanzenart unmittelbar nacheinander begünstigt Vermehrung und Ausbreitung der spezifischen Schädlinge und Krankheiten dieser Art.
6. Züchtung resistenter Sorten
   Schädlingsfeste Mutanten werden ausgelesen oder Resistenzgene aus verwandten Wildsorten eingekreuzt.
7. Förderung und Züchtung von Nützlingen
   Nistkästen für Vögel, bienenungiftige Insektizide, Züchtung von Schlupfwespen, deren Larven in schädlichen Raupen parasitieren und andere Maßnahmen, welche die Vermehrung der natürlichen Feinde der Schädlinge fördern.
8. Mischkulturen
   Mischkulturen aus zwei verschiedenen Pflanzenarten hemmen eine rasche Ausbreitung von Krankheitserregern und Schädlingen.

10.3. Chemische Schädlings- und Unkrautbekämpfung

Die biologischen Schutzmaßnahmen gegen Verluste durch Schädlinge, Krankheiten und Unkrautkonkurrenz reichen bei weitem nicht aus. Deshalb sind in den letzten Jahrzehnten eine große Zahl meist organisch-chemischer Mittel entwickelt worden, die spezifisch gegen bestimmte Gruppen von Schädlingen wirksam sind. Die chemische Unkrautbekämpfung dient außerdem der Verringerung des Arbeitsaufwands bei der Pflege der Feldkulturen. Man bezeichnet die chemischen Bekämpfungsmittel als *Biozide* oder *Pestizide* und unterscheidet:

1. **Fungizide:** Mittel gegen pflanzenschädliche Pilze. Viele Pflanzenkrankheiten werden durch Schorf-, Brand-, Rost- und Mehltau-Pilze verursacht. Auch der Erreger der Kraut- und Knollenfäule der Kartoffel ist ein Pilz. Fungizide sollen die Pilze und ihre Sporen an der Entwicklung hindern oder sie abtöten, jedoch den Wirt nicht schädigen.
   Zu den Fungiziden gehören auch die Beizmittel, die auf Saatgut (Samen, Zwiebeln, Knollen) aufgebracht werden. Viele Fungizide sind Metallverbindungen (z. B. Quecksilber-, Kupfer-, Cadmium-, Chrom-Verbindungen).
2. **Insektizide:** Mittel gegen Schadinsekten. Sie wirken meist dadurch, daß sie stoffwechselwichtige Enzyme hemmen oder die Informationsübertragung im Nervensystem unterbinden. Die Stoffe können als *Fraßgifte, Kontaktgifte* oder *Atemgifte* wirksam sein. *Systemische Mittel* sind solche, welche die Pflanze aufnimmt und speichert; sie machen die Pflanze künstlich immun gegen Schädlinge, wirken jedoch nur vorübergehend, weil sie im Zellstoffwechsel umgewandelt (metabolisiert) werden.
   Synergismus liegt vor, wenn bei der Anwendung mehrerer Wirkstoffe eine größere Gesamtwirkung erreicht wird als der Summe der Einzelwirkungen entspricht. Synergismus wird ausgenützt, um die Insektizidmengen zu senken.
   Die *Persistenz* (Beständigkeit) der Wirkstoffe sollte über die schutzbedürftige Phase der gefährdeten Pflanze möglichst wenig hinausreichen. Je langlebiger ein Insektizid ist, ehe es in ungiftige Bestandteile zerlegt worden ist, desto größer auch die Wahrscheinlichkeit, daß Mensch und Haustier damit in Verbindung kommen oder es mit der Nahrung aufnehmen.
   Natürlich vorkommende Insektizide sind die in einigen Chrysanthemen-Arten sich findenden Pyrethrine. Die künstlich hergestellten Insektizide sind meist Chlorkohlenwasserstoffe (z. B. DDT), Phosphorsäureester oder Carbamate.
3. **Akarizide:** Mittel gegen Milben (spinnenartige Gliederfüßler). Häufige Pflanzenschädlinge sind vor allem die Spinnmilben.
4. **Nematizide:** Mittel gegen Fadenwürmer (Nematoden), die in Wurzeln, Blättern oder Stempeln schmarotzen. Solche Nematoden zählen zu den gefährlichsten Schädlingen unserer Kulturpflanzen überall dort, wo in kurzen Abständen immer wieder die gleiche Pflanzenart angebaut wird.
5. **Rodentizide:** Mittel gegen Nager (Wühlmaus, Feldmaus, Ratten, Bisamratte).
6. **Repellents:** Abwehr- und Abschreckmittel vor allem gegen Vogel- und

Wildschaden. Die Mittel wirken auf den Geruchssinn oder erzeugen Brechreiz.

7. **Herbizide:** Mittel zur Unkrautbekämpfung. Infolge der durch diese Mittel auftretenden Stoffwechselstörungen stirbt selektiv das Unkraut ab. Man kann sie nach ihrer Wirkung auf den Stoffwechsel der Pflanzen unterteilen:

   a) *Photosynthesehemmer* (z. B. Harnstoff-Präparate),
   b) *Atmungshemmer* (verhindern den Elektronentransport in der Atmungskette, z. B. Pentachlorphenol, Gelbspritzmittel),
   c) *Wuchsstoffe* (auxinähnliche Stoffe, die zu Wachstumsstörungen führen, z. B. Phenoxyessigsäuren),
   d) *Mitosehemmer* (hemmen Zellteilungen und dadurch das Wachstum, z. B. Carbamate, Aniline),
   e) *Keimhemmer* (verhindern die Samenkeimung, dazu zählen die Stoffe b–d).

Die Anwendung chemischer Unkrautbekämpfungsmittel erspart der Landwirtschaft eine Vielzahl von Arbeitsstunden und Arbeitsgängen, die früher für das Unkrautjäten erforderlich waren. Die verwendeten Mittel müssen in ihrer Wirkung eine hohe Spezifität aufweisen, d. h. die Kulturpflanzen schonen, die konkurrierenden Unkräuter aber vernichten. Ein extremes Beispiel: selektive Bekämpfung des Flughafers in einem Feld von Kulturhafer. Die selektive Wirkung ist oft eine Frage der Dosis, bzw. der unterschiedlichen Empfindlichkeit von Kulturpflanze und Unkraut. Beispiel: Flachkeimende Unkräuter werden vom Herbizid erreicht, die tiefer liegenden Samen der Kulturpflanzen sind durch die Erdschicht geschützt. Auf die Vegetationskegel an der Sproßspitze zweikeimblättriger Unkräuter gelangen die Wirkstoffe, nicht aber auf die Vegetationskegel der Getreidepflanzen, diese sind durch die Blattscheiden geschützt. Selektive Wirkung ist auch dann möglich, wenn die Kulturpflanze im Gegensatz zum Unkraut den Wirkstoff sofort metabolisieren kann.

Wuchsstoff-Herbizide haben die zweikeimblättrigen Ackerunkräuter stark zurückgedrängt, so vor allem Ackerdistel, Ackerhohlzahn, Hederich, Ackersenf, Kornblume, Mohn und Knöteriche. Dafür nahmen weniger empfindliche Arten wie Kamille oder Vogelmiere eher zu. Die Ausschaltung der zweikeimblättrigen Unkräuter schuf eine ökologische Nische für Ungräser (Quecke, Windhalm, Flughafer, Ackerfuchsschwanz); sie breiten sich aus.

Nachteile der chemischen Bekämpfungsmittel

1. Gesundheitsgefährdung von Menschen und Haustieren durch Anreicherung (Akkumulation) der mit der Nahrung aufgenommenen Stoffe im Körper (z. B. durch zu späte Anwendung, so daß nicht abgebaute Mittel im Erntegut enthalten sind) oder durch Verseuchung von Boden und Grundwasser.

2. Bildung resistenter Rassen der Schädlinge, so daß ständig neue Biozide entwickelt werden müssen.
3. Gefahr der Vergiftung von Nützlingen (Nutzinsekten, Vögel, Lurche, Kriechtiere).
4. Unterbrechung von Nahrungsketten durch Ausfall der Unkräuter als Wirtspflanze für Insekten. Dadurch Wechsel der Insekten auf Kulturpflanzen, auch Rückgang der Vogelpopulation, weil Insekten als Nahrung fehlen.

10.4. Integrierter Pflanzenschutz

Der integrierte Pflanzenschutz bemüht sich um Einschränkung der Anwendung von Bioziden, indem er die chemische Bekämpfung mit der biologischen Bekämpfung, der standortgerechten Sortenwahl und mit geeigneten Pflegemaßnahmen kombiniert.

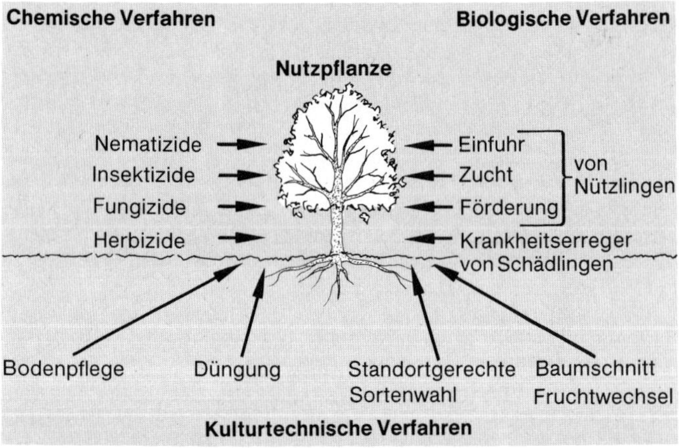

Bild 10 Wichtige Methoden des integrierten Pflanzenschutzes.

11. Weitere Gesichtspunkte des Pflanzenbaus

Hohe Erträge zu gewinnen und zugleich die Leistungsfähigkeit des Bodens zu erhalten, sind wichtige Ziele aller Anbaumaßnahmen. Um sie zu erreichen, bedarf es neben der Schädlings- und Unkrautbekämpfung auch der richtigen Bodenbearbeitung, der Düngung, der biologisch sinnvollen Fruchtfolge und geeigneter Aussaat- und Ernteverfahren.

Der Boden unter einer natürlichen Pflanzendecke bietet in der Regel ohne Eingriffe des Menschen günstige Bedingungen für das Wachstum der standortgemäßen Pflanzen, weil die Bodenorganismen durch ihre Lebenstätigkeit für die Lockerung, Durchlüftung und Durchmischung des Bodens sorgen und durch Zersetzung der auf und im Boden liegenden Pflanzenreste den Nährstoffnachschub sichern. Beim Anbau von Kulturpflanzen wird der natürliche Zustand des Bodens durch die notwendigen Arbeiten (Säen, Auspflanzen, Pflegen, Ernten) verändert sowie durch Befahren und Begehen verfestigt. Die nachfolgend geschilderten Maßnahmen sollen ungünstige Auswirkungen ausgleichen.

11.1. Bodenbearbeitung

Die Bodenbearbeitung verfolgt vor allem folgende Ziele:

1. Verbesserung des Bodengefüges durch Lockerung der Ackerkrume (verbessert Durchlüftung, Wasserspeichervermögen und Wärmehaushalt des Bodens, begünstigt die Tätigkeit der Bodenorganismen bei der Humusbildung).
2. Durchmischung der Bodenteilchen und Wenden der Ackerkrume.
3. Einarbeiten von Pflanzenresten, Dünger und Unkrautaufwuchs in den Boden.

Ein tiefwirkendes Bodenbearbeitungsgerät ist z. B. der Pflug, flachwirkende sind Fräsen sowie die Eggen, die die oberste Bodenschicht lockern und das Unkraut ausreißen. Mit Walzen lassen sich lockere Böden verdichten und im Frühjahr das ausgefrorene Getreide andrücken.

11.2. Düngung

Mit der Wegnahme der Ernteprodukte werden die Nährstoffe, welche die Pflanze dem Boden entzogen hat, nicht mehr in den Boden zurückgeführt. Der Nährstoffgehalt des Bodens sinkt deshalb und muß durch Düngung wieder angereichert werden. Zusammensetzung und Menge des Düngers bestimmen sich durch

1. den Bedarf der jeweiligen Kulturpflanzen an Nährstoffen zur Erzielung eines erwarteten Ertrags,
2. den bodeneigenen Nährstoffvorrat,
3. die Nährstoffmenge, welche die Pflanzen aus dem zugeführten Dünger aufnehmen können.

Die Pflanze braucht von jedem notwendigen Stoff eine ganz bestimmte Menge, die zu den andern Nährstoffen in einem bestimmten Verhältnis stehen muß. Der in der relativ geringsten Menge vorhandene Nährstoff im Boden bestimmt den Ertrag (Gesetz des Minimums nach LIEBIG). Neben den Hauptnährelementen (Makronährstoffe, vgl. Tab. 4), benötigt die Pflanze auch Spurennährelemente (= Mikronährstoffe; s. 1.1.3). Durch Fehlen von Mikronährstoffen entsteht eine Reihe sog. Mangelkrankheiten.

Organische Dünger. Die organischen Düngemittel enthalten meist alle notwendigen Pflanzennährstoffe, sie stehen den Pflanzen allerdings erst nach Abbau der organischen Substanz durch die Bodenorganismen zur Verfügung. Zu den organischen Düngern gehören Mist, Gülle (Jauche), Kompost, Klärschlamm und Torf (nährstoffarm, aber bodenstrukturverbessernd).

Unter *Gründüngung* versteht man das Unterpflügen von eigens zum Zwecke der Düngung angebauten Pflanzen (vor allem der durch Symbiose mit den luftstickstoffbindenden Knöllchenbakterien recht eiweißreichen Schmetterlingsblütler).

Die organischen Dünger tragen zur Humusbildung im Boden bei. Man versteht unter *Humus* die organischen Stoffe aus abgestorbenen Pflanzen, Tieren und Mikroorganismen. Der leicht zersetzbare Teil des Humus liefert Mineralsalze, der schwer zersetzbare fördert die *Bodengare*, d.h. die günstige Krümelstruktur des Bodens. Organische Dünger haben folgende Wirkungen:

- Erhöhung des Wasserspeichervermögens durch günstigere Porenverteilung im Boden,
- Verbesserung der Durchlüftung durch Krümelstruktur,
- Erhöhung der Bodentemperatur durch bessere Wärmeabsorption und Wärmebildung bei der Zersetzung organischer Stoffe,
- Lieferung von mineralischen Nährstoffen und von CO_2.

Mineraldünger. Mineraldünger können nur einen oder zwei Hauptnährstoffe enthalten (z.B. Stickstoff-, Kali- oder Phosphatdünger) oder als

Tabelle 4: Hauptnährelemente der Pflanze aus dem Boden, ihre Funktion und die Mangelerscheinungen beim Fehlen (Chlorose = mangelhafte Chlorophyllbildung)

Element	Aufnahme als Ion	Mangelsymptome	Wichtige Funktion in Pflanzen
N	NO_3^- (NH_4^+)	Spitzenchlorose älterer Blätter	Baustein von Eiweiß, org. Basen, Enzymen, Vitaminen; allgemeine Ionenwirkung
P	$H_2PO_4^-$ HPO_4^{2-}	Dunkelgrün- und Rotfärbung älterer Blätter	Baustein von Nucleotiden; Aktivierung org. Stoffe durch Phosphorylierung; allg. Ionenwirkung
S	SO_4^{2-}	Chlorose jüngerer Blätter	Baustein von Eiweiß, Enzymen, Vitaminen, sekundären Pflanzenstoffen; allgemeine Ionenwirkung
K	K^+	Randnckrose älterer Blätter	Allgemeine Ionenwirkung (Quellung), Aktivierung von Enzymen
Ca	Ca^{2+}	Chlorose jüngerer Blätter	Allgemeine Ionenwirkung (Entquellung); Aktivierung von Enzymen
Mg	Mg^{2+}	Chlorose älterer Blätter	Baustein von Chlorophyll, Aktivierung von Enzymen durch Kopplung; allg. Ionenwirkung

Volldünger alle Nährelemente, oft auch die Spurenelemente. Mit Kalkdünger läßt sich der pH-Wert saurer Böden erhöhen.

11.3. Bewässerung

Reichen Niederschläge und Bodenwasser nicht aus, hohe Erträge zu erzielen, so kann sich die Bewässerung der Kulturen durch Beregnung der Pflanzen oder Berieselung der Ackerfurchen lohnen.

11.4. Fruchtfolge

Eine natürliche Vegetation aus Pflanzen vieler Arten nützt die Produktivität des Bodens deshalb aufs beste aus, weil die Arten unterschiedliche Ansprüche stellen. Auch verhindert die Mischung der

Arten eine ungehemmte Ausbreitung von Schädlingen und Krankheitserregern, die sich in der Regel auf bestimmte Pflanzenarten spezialisiert haben. Die durch Absterben in der Pflanzengemeinschaft entstehenden Lücken werden durch andere, nachwachsende Pflanzen wieder besetzt. Dieses Absterben und Nachwachsen führt zwar zu einem Pflanzenwechsel am einzelnen Wuchsort, die Artenzusammensetzung im ganzen bleibt jedoch an einem bestimmten Standort über längere Zeit stabil.

Reinbestände einer Kulturpflanze nutzen den Boden einseitig aus. Wildpflanzen mit ähnlichen Ansprüchen und Wuchsbedingungen breiten sich als lästige und ertragsmindernde Unkräuter in den Kulturen aus. Schädlinge und Krankheitserreger der angebauten Pflanzen vermehren sich rasch. Die nachteiligen Wirkungen der Monokulturen verstärken sich, wenn der Anbau einer bestimmten Kulturpflanze auf der gleichen Fläche mehrmals hintereinander erfolgt. Es entstehen *Fruchtfolgekrankheiten* und *Bodenmüdigkeit.* Der eintretende Ertragsabfall hat vor allem folgende Ursachen:

1. Mangel an bestimmten Makro- oder Mikronährstoffen im Boden durch einseitigen Entzug gerade dieser Stoffe durch die angebaute Pflanzenart.
2. Anreicherung des Bodens mit Ausscheidungen und Umsetzungsprodukten von Rückständen der angebauten Kulturpflanzen, welche das Wachstum artgleicher Pflanzen so lange hemmen, bis sie abgebaut sind. Die Selbstverträglichkeit der Arten ist unterschiedlich. Gut verträglich mit sich selbst sind z. B. Roggen, Mais und Sojabohnen, wenig selbstverträglich sind z. B. Weizen, Gerste oder Hafer.
3. Anreicherung des Bodens mit Eiern und Larven von Schadinsekten, mit Nematoden und Pilzsporen, deren Wirt die angebaute Kulturpflanze ist.
4. Vermehrung und Ausbreitung von Unkräutern, die an die angebaute Kulturart besonders angepaßt sind.

Um den genannten Nachteilen zu entgehen, ist Fruchtwechsel die Regel. Die Erfahrung bestimmt die zweckmäßigste Art der Fruchtfolge, bei der die Produktivität der Böden und die Gesunderhaltung der Bestände bestmöglich gesichert ist. Fruchtfolgen sind biologische Systeme, weil sich jede beteiligte Pflanzenart auf Wachstum und Ertrag der nachfolgenden Frucht auswirkt durch ihren Einfluß auf Bodenbeschaffenheit, Nährstoffgehalt, Wasserhaushalt, Ausscheidungen, Unkrautwuchs, Krankheiten und Schädlinge. Die Summe aller dieser Wirkungen bestimmt die Bodenfruchtbarkeit.

12. Energetische Gesichtspunkte des Nutzpflanzenanbaus

Die Grundlage der pflanzlichen Primärproduktion ist die Photosynthese. Bei diesem Prozeß wird Kohlendioxid und Wasser unter Freisetzung von Sauerstoff zu Kohlenhydraten synthetisiert. Die dazu erforderliche Energie liefert die Sonnenstrahlung. Für eine intensive Primärproduktion von Biomasse ist die richtige Kombination von Licht, Temperatur, Nährstoffen und Wasser erforderlich. Wüstengebiete erhalten z. B. viel Sonnenlicht, aber zu wenig Wasser. In der Tundra gibt es ausreichend Sonnenlicht und reichlich Wasser, aber die Temperatur ist zu niedrig. An den Küsten sind die Temperaturen im jahreszeitlichen Verlauf oft ausgeglichener als im Binnenland, die Westseite der Bergländer ist in Mitteleuropa meist feuchter als die Ostseite. In den Tropen fehlen jahreszeitliche Unterschiede gänzlich, je polnäher die Region, desto ausgeprägter sind sie. Die günstige Kombination der Wachstumsfaktoren hat zur Folge, daß in der sommerlichen Viermonatsperiode die Primärproduktion in den gemäßigten Zonen anderthalb mal so groß ist wie in den Tropen oder der warmen Savanne.

Auch die Nutzpflanzenerträge sind von der jeweiligen Kombination der Klimafaktoren abhängig, ganz abgesehen davon, daß die meisten Kulturpflanzen nur in ganz bestimmten Klimazonen gedeihen können, weil nur dort ihre Ansprüche an die Tageslänge, die Dauer der Vegetationszeit, die Luftfeuchtigkeit und an andere klimatische Bedürfnisse erfüllt sind. So bringen in subtropischen Gebieten Hirse und Mais die höchsten Zunahmen an Trockengewicht je Fläche und Tag, in Mitteleuropa dagegen die Zuckerrübe. Jedes natürliche Ökosystem, ob Wald, Steppe oder Tundra, enthält eine Vielzahl von Lebewesen. Die größte Artenvielfalt herrscht in den tropischen Wäldern, die geringste in den Wüsten. Je größer die Artenvielfalt, desto stabiler ist das Ökosystem. Einerlei, welche Art Störungen auch immer auftreten, ob Kälte- oder Trockenperioden, ob Schädlinge oder Pflanzenkrankheiten, nie werden alle Arten gleichermaßen geschädigt. Je mehr Arten in einer Lebensgemeinschaft, desto leichter überwindet die Vegetation eine Krise. Monokulturen sind demgegenüber extrem instabil. Um sie vor Witterungsunbill oder Schädlingen zu schützen, bedarf es eines hohen Erhaltungsaufwands. Ein zweiter Grund für den hohen Energieaufwand in landwirtschaftlichen Kulturen ist die Ausrichtung des Systems auf eine möglichst hohe Primärproduktion. Während zur Erhaltung der natürlichen Vegetation das Sonnenlicht als Energiequelle ausreicht, geht z. B. in die Getreideproduktion zusätzliche Energie ein durch

- Herstellung und Ausbringen von Dünger
- Herstellung und Anwendung von Unkraut- und Schädlingsbekämpfungsmitteln
- Bodenbearbeitung, Bewässerung oder Entwässerung
- Säen und Ernten
- Herstellung und Benutzung von Geräten und Maschinen
- Aufwand für landwirtschaftliche Forschung und Züchtung.

Die nachfolgenden Tabellen (Tab. 5 und 6) zeigen, daß das Verhältnis von Energiezufuhr zum Ernteertrag um so ungünstiger wird, je höher die Hektarerträge bei der landwirtschaftlichen Produktion sind.

Tabelle 5: Durchschnittliche Hektarerträge einiger wichtiger Feldfrüchte in 100 kg (nach Ch. Stöckel 1971)

Art	Industrieländer	Entwicklungsländer
Weizen	14,5	9,6
Reis (unpoliert)	43,2	20,0
sonst. Getreide	20,3	12,0
Kartoffeln	129,9	75,6
Sojabohnen	15,4	8,2
Erdnüsse	15,8	9,0

Tabelle 6: Verhältnis von Energiegewinn zu Energieaufwand bei der Erzeugung landwirtschaftlicher Produkte (nach Pimentel). **G:A Verhältnis Energiegewinn zu Energieaufwand**

	Energieaufwand je ha	Energiegehalt der Ernteprodukte je ha	G:A
1. Sammler-Kultur (Buschleute in Südafrika)			
Aufwand für das Sammeln von Früchten im Umkreis von 5 km ums Lager	5900 kJ		
Energiegehalt der Früchte		44 000 kJ	**7,45**

		Energieaufwand in Mio. kJ/ha	Energiegehalt der Ernteprodukte in Mio. kJ/ha	G:A
2. Primitiver Ackerbau (Neuguinea)				
Energieaufwand für Rodung, Bodenbearbeitung, Pflanzen, Jäten, Ernten, Lagern, Werkzeugherstellung		3,1		
Energiegehalt der Ernteprodukte			47,6	**15,3**
3. Moderner Ackerbau				
Mais	a. nur mit menschlicher Arbeitskraft			
	Nigeria (mit Düngung)	1,5	15	**9,4**
	b. Mit Zugtieren (Futter, Stallung, Pflege)			
	Mexiko	3,2	14	**4,3**
	Philippinen	2,8	14	**5,0**
	c. Volltechnisiert (Dünger, Schädlingsbekämpfungsmittel, Geräte, Maschinen, Benzin)			
	USA	27,6	80	**2,9**
	England	27,0	62	**2,3**
Weizen	Volltechnisiert			
	USA	11,9	28,5	**2,4**
	England	16,0	56,2	**3,5**
Reis	a. Borneo	4,3	30,6	**7,1**
	b. Philippinen (Düngung, Unkrautmittel)	7,6	25	**3,3**
	c. Japan (maschinell)	30,6	73,5	**2,4**
	d. USA (volltechnisiert)	62,3	93,4	**1,5**
Weitere Produkte mit volltechnisiertem Anbau				
Äpfel	USA	80,0	40	**0,5**
Orangen	USA	7,0	28,3	**4**
Tomaten	USA	69,1	41,5	**0,6**
Zuckerrüben	England	27,5	99,1	**3,6**
Kartoffeln	England	35,6	56,9	**1,6**

Liegt das Verhältnis Energieaufwand zu Energiegewinn unter 1, so muß in den Anbau mehr Energie hineingesteckt werden als dabei gewonnen wird. Die aufgewandte Energie liefern fossile Brennstoffe oder andere technische Energiequellen. Nicht berücksichtigt bei den Berechnungen sind der Aufwand für Forschung und für Züchtung.

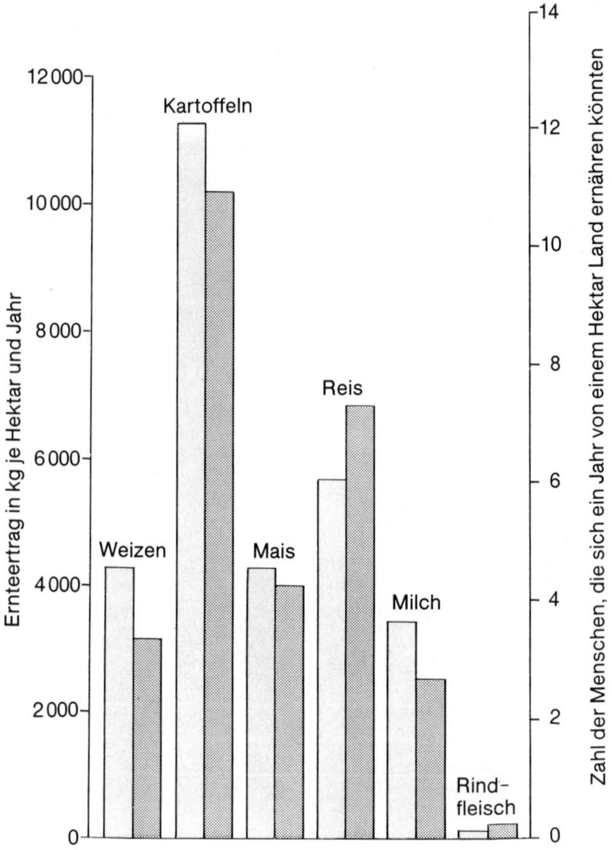

Bild 11 Ein Hektar Land bringt unterschiedliche Erträge, je nachdem, wie es genutzt wird. Die weißen Säulen geben die Jahreserträge an, die grauen Säulen die Zahl der Menschen, die sich von den erzeugten Nahrungsmitteln ernähren könnten, wenn es nur auf deren Energiegehalt ankäme. Der Milchertrag wird erwirtschaftet, wenn die Fläche als Wiese, der Fleischertrag, wenn die Fläche als Weideland angelegt ist. Einen noch höheren Ertrag als Kartoffeln erbringen Zuckerrüben. Nicht berücksichtigt ist der unterschiedliche Arbeits- und Energieaufwand beim Anbau dieser Nutzpflanzen. (Nach An inquiry into life, BSCS 1980.)

Spezieller Teil

1. Getreide

1.1. Allgemeines

Zu den Getreiden zählt man Weizen, Roggen, Gerste, Hafer, Reis, Mais, Hirse.

In der westlichen Hemisphäre überwiegt der **Weizen-**, in der östlichen der **Reisanbau**, und in Teilen von Afrika gibt man der **Hirse** als Grundnahrungsmittel den Vorzug. Diese regionale Verteilung ist einerseits klimatisch, andererseits aber auch durch den Geschmack oder die Tradition der entsprechenden Völker bedingt.

Nebst den Eßgewohnheiten spielt die Häufigkeit und Menge, in welchen das Nahrungsmittel konsumiert wird, für den Anbau der Kulturpflanzen eine Rolle. Viele Asiaten und Afrikaner nehmen dreimal täglich Getreide als Grundnahrungsmittel zu sich. In Amerika und Europa dagegen leistet man sich einen abwechslungsreichen Speisezettel und ersetzt das Grundnahrungsmittel Brot immer mehr durch andere Lebensmittel.

1.2. Der Weizen *Triticum aestivum*

Heimat. Es gibt drei Gruppen von Weizensorten, die alle aus dem südwestasiatischen Raum stammen. Dort kommen heute noch einige der mutmaßlichen Urahnen vor, nämlich *Triticum boeoticum* (Einkornreihe), *T. thimopheevi, T. dicoccoides* (Emmerreihe) und *Aegilops squarrosa*, (der wahrscheinlich mit *T. dicoccoides* gekreuzt die Dinkelreihe ergeben hat).

Verbreitung. Die Weizenkulturen haben sich in geschichtlicher Zeit mehrmals abgelöst: Die **Einkornreihe** war, vertreten durch die Kulturform *T. monococcum* (Einkorn), in der Jungsteinzeit die verbreitetste Form. Die **Emmerreihe** (Kulturformen *T. dicoccum* = Emmer, *T. durum* = Hartweizen und *T. turgidum*) löste sie während der Bronzezeit in der Mittelmeerregion ab. Von diesen Arten konnte sich der Hartweizen in trockenen Regionen (semiarid) des Balkans bis heute halten. Schon im 3. und 2. Jahrtausend vor Chr. entstanden die Arten der **Dinkelreihe**, die hauptsächlich mit *T. aestivum* die früheren Sorten zurückdrängte. Mit den europäischen Eroberern wurde dieser Weizen schließlich in alle Welt verbreitet.

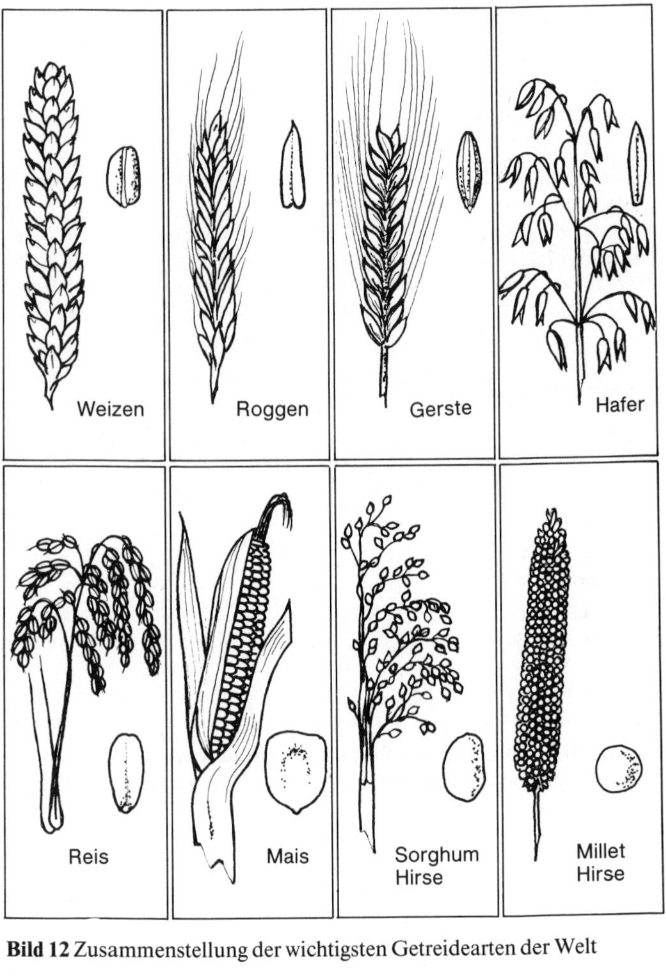

Bild 12 Zusammenstellung der wichtigsten Getreidearten der Welt

Heute liegen die Hauptanbaugebiete für Weizen in den USA und Kanada, in weiten Teilen der UdSSR, Indien und China, in Australien und Argentinien und in Europa.

Bedeutung. Fast alle Völker der Erde verbrauchen Weizen und Weizenprodukte. Außerdem wird Weizen als Futter in der Viehzucht verwendet (Kornfutter). Der Weizenhandel nimmt daher auf dem Weltmarkt eine bedeutende Stellung ein. Bei einer jährlichen Produktion von 443 Mio t (1978) und 416 Mio t (1979) werden an die 70 Mio t im Wert von 7,5 Mrd US$ gehandelt. Die Hauptexporteure sind die USA mit einem Welthandelsanteil von 37 % (1971) und Kanada mit 28 %. Dann folgen Australien, Frankreich und Argentinien. Importgebiete sind je nach Ausfall der heimischen Ernte Westeuropa, UdSSR, Asien, Afrika und Teile von Südamerika.

Morphologie. Weizen ist eine typische Grasart. Er keimt mit **einem** Blatt (Monokotyledone). Man unterscheidet beim Weizen mehrere Wachstumsphasen:

Bestockung: Darunter versteht man die Fähigkeit der Basis des Haupthalmes, zwei Seitentriebe zu bilden, die ihrerseits weitere Sprosse treiben können. Jeder neue Spross bildet ein eigenes Wurzelwerk. So entsteht ein dichter Stock, der mehrere Ähren hervorbringen kann. Eine gute Bestockung ist deshalb wünschenswert.

Das Ertragsoptimun liegt allerdings bei nur drei bis vier Halmen pro Pflanze, denn die Halme höherer Ordnung geben nicht nur einen immer geringeren Ertrag, sondern zehren auch von der Assimilationsleistung der ganzen Pflanze.

Halmschossen: Nach der Bestockungsphase folgt das Stadium des Halmschossens. Die Halme sind durch Knoten (Nodien) in Abschnitte gegliedert. Ein Halm wächst an mehreren Orten gleichzeitig, weil sich in jedem Nodium eine Wachstumszone befindet. Da der Halm darüber hinaus hohl ist, erfolgt das Streckungswachstum rasch, und die an den Nodien angewachsenen Blätter gelangen verhältnismäßig schnell ans Licht.

Ährenschieben: Das nächste Stadium wird mit Ährenschieben bezeichnet. Die schon während der Bestockungsphase vorgebildete Ähre wird jetzt aus der letzten Blattscheide (Fahnenblatt) herausgeschoben. Die Ähre setzt sich aus rund zwanzig Ährchen zusammen, die dem Halm alternierend mit der Breitseite anliegen.

Blüte: Während der drei Tage dauernden Blütezeit werden die Pollensäcke an langen Staubfäden aus der Blüte hinausgeschoben und entlassen bei trockenem Wetter große Mengen von Blütenstaub. Die Narben sind wie Federchen ausgebildet und geeignet, den über Wind verbreiteten Pollen aufzufangen. Die Blütezeit der ganzen Ähre dauert sechs Tage. Ein ganzes Feld blüht während zehn bis vierzehn Tagen.

Reifung: Nach der Befruchtung entwickeln sich in durchschnittlich vierzig Tagen die Früchte (Schließfrüchte = Karyopsen). Bei diesem Vorgang wird Assimilationsstärke im Endosperm deponiert. Die stärkste Ablagerung erfolgt in der **Milchreife** (Korn noch weich und wasserhaltig) und in der **Gelbreife** (Pflanze gelb verfärbt, Korn hart, aber noch brechbar). Bis zur **Vollreife** werden die Reservestoffe noch ergänzt und das Samengewebe durch Entwässerung inaktiviert. Im entwässerten Zustand (15–20 % Wassergehalt) kann das Korn überwintern, da sich bei Temperaturen unter 0° C keine Eiskristalle bilden können, die die Zellen zerstören würden. Für die Keimruhe sind Hormone und andere keimhemmende Substanzen verantwortlich.

In der Frucht sind, wie das mikroskopische Präparat zeigt, die Zellen verschieden ausgebildet: Das Gewebe des **Embryo** besteht aus verhältnismäßig kleinen Zellen, die neben den Zellorganellen auch Leukoplasten (Stärkespeicher) und Lipidtröpfchen (Fettspeicher) enthalten. Die Zellen des **Endosperms** dagegen sind sehr groß (Ø ca. 20 μm) und speichern fast ausschließlich Stärke und Fett. Dieses Gewebe ist von einer Zellschicht eingehüllt, die Eiweiße in Form von Kristallen enthält (Aleuron). Die Reservestoffe der Endosperm- und Aleuronzellen werden bei der Keimung mobilisiert. Auf Kosten dieses Abbaus wächst der Embryo zu einem Keimling heran.

Durch trockene Lagerung des Weizens gelingt es, die Keimung völlig zu unterbinden. Weizen ist daher in Silos mehrere Jahre haltbar.

Anbau. Man unterscheidet zwischen Sommer- und Winterweizen. Der **Winterweizen** braucht für seine Entwicklung eine Periode von tiefen Temperaturen und kurzen Tageslängen (Vernalisation). Er wird deshalb im gemäßigten europäischen Klima zwischen Oktober und Dezember ausgesät. In der Regel keimt und bestockt der Winterweizen noch vor dem Jahreswechsel. Die Pflanze kann notfalls auch unter einer Schneedecke keimen. Während der Wintermonate bleibt der Winterweizen inaktiv und kann Temperaturen von – 15° C schadlos überstehen. Er ist hingegen empfindlich gegen Ersticken, sei es unter einer verharschten Schneedecke oder in einem Boden mit Wasserstau. In beiden Fällen sind Gegenmaßnahmen erforderlich, die die Schneedecke brechen bzw. den Boden lockern.

Der **Sommerweizen** wird von Januar bis März ausgebracht. Er hat ähnliche Eigenschaften und Fähigkeiten wie der Winterweizen. Beide Weizensorten brauchen, sobald der Boden gut durchwurzelt ist, Stickstoff. Der Bestand wird durch Stickstoffgabe dichter und die Zahl der Blüten pro Ähre höher.

Züchtung. Das vordringliche Zuchtziel der Ertragssteigerung läßt sich vom Genetiker auf verschiedene Weise verwirklichen: Er kann die Bestockungsfähigkeit der Pflanze verbessern und so eine höhere Bestandesdichte erreichen. Eine Erhöhung der Blütenzahl pro Ähre und der Fertilität der Einzelblüten verbessert den Ährenertrag. Durch Einkreuzung von Kältefestigkeit lassen sich Winterschäden verringern. Ferner sind Frühreife, Ausfallfestigkeit der Körner, Standfestigkeit und Resistenz gegen Krankheiten und Schädlinge erstrebenswerte Zuchtziele.

Ernte. Für die Ernte wird heute in Europa mehrheitlich die Mähdreschanlage eingesetzt. In **einem** Arbeitsgang werden die reifen Halme geschnitten, gedroschen und das Stroh gebündelt. Für den Drusch soll das Korn hart und trocken sein, also die Totreife (Wassergehalt des Kornes 14%) erreicht haben und bis zum Zeitpunkt der Totreife in den Spelzen eingeschlossen bleiben. Diese Eigenschaften müssen bei der Wahl der Sorte berücksichtigt werden, andernfalls treten durch Kornausfall erhebliche Ernteverluste ein.

Erträge. Die Erträge werden von Sorteneigenschaften, Standortbedingungen, Klima, Pflegemaßnahmen u. a. Faktoren bestimmt. In der Regel sind die Erträge von Winterweizen höher als diejenigen von Sommerweizen.

Der Ertrag eines bestimmten Getreidefeldes wird durch mehrere Umstände beeinflußt. Die Aussaatmenge wirkt sich zum Beispiel wie folgt aus: Eine **zu kleine** Menge ergibt einen minimalen Ertrag, weil der Boden schlecht ausgenützt wird und die Konkurrenz von Unkräutern groß ist. Außerdem werden Düngergaben schlecht verwertet. Bei Erhöhung der Saatgutmenge wird ein Ertragsoptimum erreicht, das bei weiterer Saatgutgabe wieder abnimmt. Bei **zu dichter** Saat konkurrieren die Pflanzen miteinander um die Nährstoffe des Bodens und um das Wasser. Sie beschatten sich gegenseitig, wodurch die Assimilationsrate herabgesetzt wird. Die Krankheitsanfälligkeit steigt wegen mangelnder Durchlüftung des Feldes an. Schutzmaßnahmen sind schlechter anwendbar.

Der Ertrag kann daher nicht einfach gesteigert werden, indem man beliebig höhere Pflanzdichten wählt. Es ist aber anzumerken, daß vielerorts die höchstmöglichen Pflanzdichten noch lange nicht angewendet werden; das Ertragspotential ist noch nicht in allen Anbauländern voll ausgeschöpft. Im Bestandesoptimum für Winterweizen stehen 300–550 Ähren auf einem Quadratmeter. Die Assimilationsfläche all dieser Pflanzen beträgt dann vier bis sechs Quadratmeter.

Die Durchschnittskornerträge betragen **weltweit** 15,8 dt/ha, für **Europa** 32,4 dt/ha und für Deutschland 41,6 dt/ha (1971).

Höchsterträge auf Versuchsstationen haben jedoch die 100-dt/ha-Grenze überschritten.

Verwertung. Die Zusammensetzung der Reservestoffe ist in hohem Maße für die menschliche Ernährung geeignet. Ein Weizenkorn enthält 60–68% Stärke, 8–15% Eiweiß, 15–20% Fett und 1,5–2,0% Mineralstoffe. Ferner sind die Vitamine des B-Komplexes vorhanden. Weizen eignet sich daher vorzüglich als Grundnahrungsmittel.

1.3. Der Roggen *Secale cereale*

Heimat. Der Roggen stammt aus Südwestasien, namentlich aus den Gebieten des heutigen Westiran und Ostanatolien sowie aus Afghanistan. Von dort ist er vermutlich als Unkraut zusammen mit Weizen und Gerste nach Europa gebracht worden. Er setzte sich vornehmlich in Gebieten mit rauhem Klima fest und entwickelte sich im weiteren Verlauf zu einer Kulturpflanze (sekundäre Kulturpflanze). Bereits um 100–500 v. Chr. ist er in Mitteleuropa als solche nachgewiesen.

Verbreitung. Der Anbau von Roggen ist heute überall dort verbreitet, wo das rauhe Klima eine Weizenkultur nicht mehr zuläßt. Dies ist beispielsweise in Nordeuropa, der UdSSR, in Nordamerika und Kanada sowie in Argentinien der Fall. In der Produktion führt die UdSSR (44%) gefolgt von Polen (24%), der Bundesrepublik Deutschland (8,3%) und der DDR (5,3%).

Bedeutung. Der Anbau ist wegen der mangelnden Nachfrage für Schwarzbrot, aber auch wegen der Verdrängung durch kälteresistente Weizensorten, weltweit stetig zurückgegangen, wobei sich aber die Produktion dank gleichzeitiger Ertragsverbesserung nicht wesentlich verringert hat. Roggen ist meist für den lokalen Verbrauch bestimmt und stellt daher kein Handelsgut dar.

Morphologie. Winterroggen braucht im Spätherbst eine Entwicklungszeit, die mindestens zum Vierblattstadium führen soll, und anschließend eine kalte Periode (Vernalisation). In der kalten Phase überdauert die Pflanze auch Temperaturen von −25°C und −30°C ohne Schaden. Bei mildem Winterwetter von wenigen Graden über Null entwickelt sich der Winterroggen weiter und bestockt, wobei ein flaches Wurzelwerk entsteht. Im Frühjahr wächst er schnell empor und kommt zur Blüte.

Roggen ist im Gegensatz zum Weizen selbststeril. Für einen guten Fruchtansatz ist man aus diesem Grund auf das einwandfreie Funktionieren des **natürlichen Bestäubungsmechanismus** angewiesen.

Das Aufblühen ist schon bei 12° C möglich. Die Schwellkörper (Lodiculae) drücken die Deckspelzen auseinander und öffnen so die Blüte. Nun schieben die Staubfäden (Filamente) durch sehr schnelles Streckungswachstum die noch geschlossenen Pollensäcke (Antheren) aus der Blüte heraus. Dann erst öffnen sich die Pollensäcke und entlassen den Blütenstaub. Innerhalb von nur zwanzig Minuten kann sich der Blühprozeß über die ganze Ähre fortsetzen. Bei den stets wechselnden Frühjahrswinden ist in der Regel eine gute Befruchtungsrate gewährleistet.

Anbau. Man unterscheidet, wie beim Weizen, zwischen Winter- und Sommerroggen. In Europa wird zum überwiegenden Teil Winterroggen angebaut. Der Anbau von Sommerroggen ist wenig lohnend, denn von allen Getreiden weist er die niedrigste Ertragsleistung auf. Meist wird er nur dort gesät, wo der Zeitpunkt für die Winterroggensaat verpaßt wurde oder dessen Keimlinge stark gelitten haben.

Roggen ist frosthart und anspruchslos. Er braucht nur wenig Dünger, da er die im Boden vorhandenen Stoffe gut ausnützt. Er ist resistenter gegen Krankheiten und Schädlinge als die übrigen Getreidearten.

Züchtung. Die blütenbiologischen Voraussetzungen haben Auswirkungen auf die Züchtung:
- Roggen ist schwieriger zu verbessern als beispielsweise Weizen.
- Ein einmal erreichtes Zuchtziel läßt sich nur schwer stabilisieren.
- Die Sorten erreichen keine ausgesprochene Homogenität.

In der Tat ist die Zahl der Zuchtsorten für Roggen (9) sehr viel kleiner als beispielsweise für Weizen (42). Im einzelnen decken sich die Zuchtziele für Roggen mit denjenigen des Weizens.

Ernte. Der als Grünfutter dienende Roggen wird geerntet, bevor die Grannen mit dem Wachstum beginnen.

Für die Kornernte mit dem Mähdrescher wartet man die Totreife ab. Dies ist nicht problemlos, denn Roggen ist wenig standfest, und die Ähren sind brüchig und daher wenig für die Maschinenernte geeignet. Neuere Züchtungserfolge haben jedoch dazu beigetragen, diese Schwierigkeiten zu mildern.

Erträge. Die **weltweit** erreichten Durchschnittserträge liegen bei 15,7 dt/ha, die **europäischen** bei 21,8 dt/ha, die **deutschen** bei 33,6 dt/ha. Höchstwerte klettern auf über 70 dt/ha.

Verwertung. Heute dient unausgereift geernteter Roggen vor allem als Viehfutter. Die ausgereifte Ernte wird zur Herstellung von Schwarzbrot und von Kornbranntwein verwendet.

1.4. Die Gerste *Hordeum vulgare*

Heimat. Die vom Menschen schon vor 6750 v. Chr. in Kultur genommene Gerste stammt aus dem vorderasiatischen Raum (Iran und Armenien) und aus dem Gebiet des Osttibet (sechszeilige Gerste). Um 3000 v. Chr. wurden in Europa sowohl nackte als auch bespelzte Formen angebaut. Sie bildeten für die damaligen Menschen die Ernährungsgrundlage. Später hat sie dann der Emmer verdrängt.

Verbreitung. Bis heute wird die Gerste in weiten Teilen der nördlichen Hemisphäre angebaut: in Kanada und in der UdSSR bis zum 65. Breitengrad, in Norwegen wegen der Erwärmung durch den Golfstrom auch nördlicher, ferner in den USA, Frankreich, Großbritannien und Deutschland.

Bedeutung. In den genannten Ländern nimmt der Gerstenanbau eine bedeutende Stellung ein. In Deutschland erreicht seine Anbaufläche 23 % des Ackerbauareals. Die Verwendungszwecke für Gerste sind vielfältig: Sie liefert ein wertvolles, eiweißreiches Tierfutter, dient als »Braugerste« zur Herstellung von Bier und liefert für die menschliche Ernährung Grütze (geschälte und geschrotete Körner), Graupen (geschälte und polierte Körner) und Kindernährmittel.

Morphologie. Man unterscheidet die **zweizeilige** und **mehrzeilige** Gerste. Es gibt nackte und bespelzte, grannenlose und begrannte Gerstensorten.

Die **zweizeilige** Gerste ist niederwüchsig und hat große, ovale Körner, die mit den Spelzen verwachsen sein können. Bei den meisten Formen sind die Spelzen begrannt. Die zweizeilige Gerste hat ihren Namen erhalten, weil die Ähren einen besonderen Bau aufweisen: Die dreiblütigen Ährchen sind in abwechselnder Folge auf die entgegengesetzten Seiten hin orientiert und sitzen genau übereinander. Da nur die mittlere Blüte fruchtbar ist, entstehen bei der Reifung zwei »Zeilen« von Körnern.

Die **mehrzeiligen** Gersten unterscheiden sich von der zweizeiligen dadurch, daß alle drei Blüten der Ährchen fruchtbar sind. In ihrer regelmäßigen vertikalen Anordnung bilden sie vier Zeilen, wenn alle seitlich liegenden Blüten eines Ährchens genau übereinanderliegen, andernfalls sechs. Das mittlere Korn wird immer erheblich größer als die beiden benachbarten. Im allgemeinen sind die Körner der mehrzeiligen Gerste kleiner, aber eiweißreicher, als diejenigen der zweizeiligen.

Mcist sind die zweizeiligen Formen mit den Sommer- und die vielzeiligen mit den Wintergersten gleichzusetzen. Es gibt aber neuerdings auch zweizeilige Wintergersten.

Anbau. Die vielzeiligen **Wintergersten** werden in Deutschland in mittleren Lagen schon Mitte September ausgesät. Nach der Bestockung im Spätherbst folgt im Frühjahr das Schossen und Ährenschieben. Da die vielzeilige Wintergerste meist als Futtergetreide dient und deshalb eiweißreich sein soll, erhält sie mehrere Male und in größeren Mengen Stickstoffdünger. Der Eiweißgehalt dieser Futtergerste ist mit über 15% recht hoch. Wintergerste reift in 91 bis 95 Tagen.

Die in Deutschland angebaute **Sommergerste** ist zur Hauptsache Braugerste, wird also gemalzt. Ihr Anteil macht 35 bis 45% der Gesamtgerstenproduktion aus. Ihre Anbaufläche ist im Zeitraum von 1965–1975 von 637603 auf 1067686 ha ausgeweitet worden, was mit der steigenden Nachfrage nach Bier erklärt werden muß.

Der günstigste Saattermin für Sommergerste liegt zwischen dem 15. und 31. März. Da für die Braugerste ein niedriger Eiweißgehalt erwünscht ist, verlangt die Kultur nur wenig Stickstoffdünger.

Züchtung. Die Zuchtziele für Gerste decken sich weitgehend mit denjenigen für Weizen.

Ernte und Erträge. Man erntet die Gerste maschinell. Die Kornerträge betragen für Wintergerste 40–60 dt/ha, höchstens 70 dt/ha, für Sommergerste 20–40 dt/ha, höchstens 55 dt/ha.

Verwertung. An die Qualität der Braugerste stellt man höchste Anforderungen: Die Körner sollen groß und voll sein und einen angenehmen Geruch aufweisen. Ferner werden Farbe und Glanz beurteilt.

Für Brauereizwecke stellt man Malz her; dazu wird die Gerste **angekeimt** und anschließend getrocknet. Dann entfernt man die Keimlinge. In einem zweiten Arbeitsgang folgt das Maischen (Zerkleinern der Körner und Zusatz von Wasser). Verschiedene Enzyme zerlegen jetzt die Speicherstoffe: Die Diastase baut Stärke zu Maltose ab. Auch Maltase und Amylase treten auf. Trypsin und weitere Peptidasen bauen die Eiweiße ab. Der Prozeß wird durch Kochen unterbrochen, und anschließend fügt man Hopfen bei. Die entstandene Flüssigkeit nennt man »Würze«. Nun folgt die Hauptgärung in offenen Bottichen, dann die Nachgärung in geschlossenen Behältern. Dabei entsteht ein Alkoholgehalt von 4–5 %. Das Bier wirkt berauschend (Alkohol), nährend (Zuckergehalt) und erfrischend (Kohlendioxidgehalt) und hat einen bekömmlichen Geschmack (Hopfen und Malzextraktstoffe). Geröstete Malzkörner liefern Kaffee-Ersatz. Auch kann aus Gerste Kornbranntwein (Whisky) gewonnen werden, wobei der Anteil an Gerste bei den verschiedenen Marken stark variiert.

1.5. Der Hafer *Avena sativa*

Heimat. Der Hafer ist eine sekundäre Kulturpflanze, leitet sich also von einer Stammform ab, die als Unkraut im Getreide wuchs. Nach den Chromosomensätzen unterscheidet man drei Reihen: *diploide, tetraploide* und *hexaploide* Hafer.

Die **Diploiden** haben ihre Genzentren im Mittelmeergebiet und in Vorderasien. Die ältesten Funde in Europa stammen aus Pfahlbausiedlungen an Schweizer Seen.

Die **Tetraploiden** haben sich aus dem Mittelmeerraum u. a. nach Abessinien verbreitet, wo die *Avena abyssinica* entstand. Tetraploide Formen kommen zwischen England und dem Himalayagebirge vor.

Als Stammform der **hexaploiden Kulturhafer** gilt *A. sterilis* (dessen Körner durchaus fertil sind, aber schon in der Gelbreife abfallen), von dem sich auch *A. fatua* ableitet.

Verbreitung. Das Verbreitungsgebiet ist durch die Ansprüche dieser Pflanze vorbestimmt: Der Kulturhafer braucht ein kühl-feuchtes Klima für seine Entwicklung.

Die Hauptproduktionsgebiete liegen im nordöstlichen Teil der USA, in Kanada, dem europäischen Teil der UdSSR, in Deutschland, Polen, Frankreich und in Westaustralien. Im Mittelmeergebiet, in Nordafrika und im Süden der USA wird auch *A. byzantina* als Winterhafer angebaut.

Bedeutung. Die Welternte beträgt etwa 51 Mio t und stammt größtenteils aus der UdSSR (19 Mio. t), den USA (8,7 Mio. t), Kanada (3,6 Mio. t) und aus der Bundesrepublik Deutschland (3,2 Mio. t).

Seine Bedeutung hat der Hafer vor allem als Futtergetreide (Pferde- und Geflügelfutter), das für den einheimischen Verbrauch bestimmt ist. Im Vergleich mit anderen Getreiden sind die Erträge gering und in der Menge Schwankungen unterworfen. Die Speisehaferprodukte, die aus bestem Qualitätshafer aus den USA, Kanada und Australien hergestellt werden, machen den geringfügigen Anteil (2 %) des exportierten Hafers aus.

Morphologie. Der Hafer bildet ein starkes Wurzelwerk. Der Stengel ist wenig standfest, allerdings konnte die Standfestigkeit bei modernen Hochleistungssorten durch Halmverkürzung stark verbessert werden. Die Blätter haben keine Blattöhrchen. Die allseitswendige Rispe trägt 2- bis 3blütige Ährchen, deren Deckspelzen kurz begrannt oder grannenlos sein können. Aus den Blüten entwickelt sich ein großes Außen- und ein kleines Innenkorn. Das dritte Korn ist meist verkümmert.

Anbau. Hafer ist genügsam und stellt nur geringe Bodenansprüche. Feuchtigkeit soll stets ausreichend zur Verfügung stehen und spielt schon während der Keimung eine bedeutende Rolle. Um den hohen Keimwasserbedarf zu befriedigen, wird Hafer tief (5–6 cm) ausgesät, meist im März oder April. Die langsame Anfangsentwicklung begünstigt das Aufkommen von Unkräutern.

Hafer vermag mit seinen starken Wurzeln die Nährstoffe im Boden gut auszunützen. Durch den besonderen Bau der Rispe ist Hafer kurz vor der Reife empfindlich auf mechanische Beanspruchung durch Wind. Die Körner sitzen zwar gut in den Spelzen, aber die Ährchen oder vollständige Rispenäste fallen häufig als Ganzes ab, wobei beträchtliche Verluste auftreten können. Der Erntetermin ist nicht einfach zu bestimmen. Bei zu früh geerntetem Hafer ist das als Futter verwertbare Stroh noch unreif, bei zu spät geerntetem können aber die großen Außenkörner bereits abgefallen sein. Die Innenkörner ergeben aber nur noch einen geringen Ertrag.

Züchtung. Hafer ist weitgehend Selbstbefruchter und stellt dem Genetiker schwierige Probleme. Die Pollen sind sehr empfindlich: Nach 15 Minuten Sonnenbestrahlung sind nur noch 50% der Pollenkörner befruchtungsfähig. Bislang ist beim Hafer die deutliche Ertragsverbesserung, die bei anderen Getreiden durch Kreuzung erzielt werden konnte, noch nicht erreicht worden.

Man strebt im wesentlichen die gleichen Zuchtziele an wie beim Weizen. Für die Aufbereitung zu Nährmitteln wird die Züchtung von spelzenfreiem Nackthafer angestrebt.

Ernte und Erträge. Hafer wird in der Gelbreife geerntet. Er ist für Mähdrusch nicht geeignet, da die Kornverluste durch Abfall der Ährchen zu groß sind.

Der Durchschnittsertrag betrug 1978 weltweit 17,6 dt/ha, in der Bundesrepublik Deutschland 40,9 dt/ha. Höchsterträge erreichen 55–60 dt/ha.

Verwertung. Hafer liefert mit 9–16% Eiweißgehalt ein Futter von hoher biologischer Wertigkeit. Der Fettanteil ist mit 5–7% (9%) sehr hoch, verglichen mit demjenigen von 1,2–2% beim Weizen, Roggen oder der Gerste. Ferner sind Eisen, Phosphat und Kali enthalten.

Hafer ist leicht verdaulich. Haferflocken, Grütze, Graupen und Haferschleim eignen sich deshalb besonders für die Säuglings-, Kinder- und Krankenernährung. Die Lagerfähigkeit des Hafers ist allerdings beschränkt: Hafererzeugnisse werden bitter durch Zersetzung des Haferöls und durch saponinartige Bitterstoffe.

Das bekannteste Produkt, die Haferflocken, stellt man auf folgende Weise her: Gereinigte Haferkörner werden in Dampfkochapparaten aufgeschlossen, getrocknet und gedarrt. Anschließend durchlaufen sie Enthülsungsmaschinen und schließlich Flockenwalzstühle, wo sie gequetscht werden. Porridge ist ein Brei aus Hafergrütze (grob geschrotetes Korn).

1.6. Der Mais *Zea mays*

Heimat. Über die genaue Herkunft dieser bedeutenden Kulturpflanze gehen die Meinungen bislang noch auseinander. Aber es gibt einige gefestigte Tatsachen:

- Der Mais stammt sicher aus tropischen und subtropischen Regionen.
- Es gibt keine lebende Urmaispflanze mehr.

– Als die Europäer nach Amerika vorstießen, wurde diese Kulturpflanze bereits im gesamten anbaufähigen Gebiet kultiviert, sowohl von den nordamerikanischen Indianerstämmen als auch von den Mayas, Inkas und den Ureinwohnern Argentiniens.
– Es gibt heute noch zwei nahe Verwandte: Die **Teosinte** (*Zea mexicana*); sie ist ein von Mexiko bis Nicaragua verbreitetes Unkraut, das kleine, von Blättern umhüllte Kolben bildet. Das **Tripsacum** (*Tripsacum spec*); dieses stark bestockende, ausdauernde Gras kommt in Mexiko und Guatemala vor und kreuzt sich, da es n = 18 Chromosomen aufweist, unter natürlichen Bedingungen nicht mit Mais (n = 10).

Nebst morphologischen und cytologischen Hinweisen halfen auch archäologische Funde, das Dunkel um die Entstehung dieser Pflanze zu erhellen:
Mac Neish entdeckte in einer Höhle des Tehuacàn-Tals (Südmexiko) kleine, um drei cm lange Maiskolben, denen ein Alter von 7000 Jahren zugemessen wird. Weitere Funde in Nordmexiko und Peru (hier jedoch nur 2600 Jahre alt) zeigen, daß Mais schon früh verbreitet kultiviert wurde. Die früheren Abstammungshypothesen besagen, daß Mais aus der *Teosinte* oder aus *Tripsacum* abzuleiten sei oder, daß jene verwilderte Maissorten seien. Heute neigt man zur Ansicht, daß alle drei Formen von einer gemeinsamen Urform abstammen.

Verbreitung. Mais ist eine sehr anpassungsfähige Pflanze, die in den Tropen von Meereshöhe bis 4000 m Höhe (Bolivien und Peru) gedeiht; man trifft sie auf dem 60. Breitengrad in den UdSSR, aber auch auf 42° SB in Neuseeland. In den Randgebieten der Verbreitung dient sie jedoch nur der Futtererzeugung.

Mais ist wahrscheinlich die verbreitetste Kulturpflanze.

Bedeutung. Mit 360 Mio. t Weltproduktion gehört Mais mit Weizen und Reis zu den bedeutendsten drei Getreidearten. Große Mengen steuern jedoch nur wenige Staaten bei: 1978 entfielen rund 50 % der Produktion auf die USA, ca. 10 % auf China, 5 % auf Brasilien. Nur die USA und Brasilien führen größere Mengen aus.

Die überragende Stellung dieser Pflanze für die USA kann aus der Exportziffer abgelesen werden. Die Maisexporte brachten den USA 1978 Einkünfte von 14,8 Mrd. $.

Mais hat nicht nur als Körnerfrucht, sondern auch als Grünfutter (Welschkorn, Kukuruz) große Bedeutung. In Deutschland gewinnt der Maisanbau hauptsächlich für die Futtererzeugung an Wichtigkeit; er nimmt bereits die Hälfte der Ackerfutterfläche ein.

Seit einigen Jahren sind Sorten erhältlich, die unter mitteleuropäischem Klima so weit ausreifen, daß sie zur Futtergewinnung verwendbar sind. Seither ist der Futtermaisanbau stetig gestiegen.

Welche Eigenschaften haben dieser Pflanze eine derart weltweite Verbreitung und eine so wichtige Stellung unter den Kulturpflanzen gebracht? Der Mais liefert einen **hohen Ertrag**, ist **relativ unempfindlich** und **krankheitsresistent, wenig witterungsabhängig, tagneutral** und **ausfallfest**. Die Ernte ist deshalb nicht an einen festen Termin gebunden.

Morphologie. Die Maispflanze bildet im Gegensatz zu den meisten Gräsern nur einen einzigen Halm. Nebst einer je nach Sorte mehr oder weniger tiefen Pfahlwurzel (bis 1 m) geben kranzförmig angeordnete Nebenwurzeln der Pflanze den nötigen Halt. Der Stengel ist in 8–16 Internodien gegliedert; aus den Knoten wachsen zweizeilig die linealischen Blätter. Zur Zeit der Blütenbildung zeigt sich, daß Mais einhäusig ist, das heißt, daß sich eingeschlechtige Blüten an verschiedenen Stellen ein und derselben Pflanze ausbilden. Dieser Umstand hat bei den europäischen Entdeckern Amerikas großes Staunen ausgelöst: Sie konnten nicht verstehen, daß eine Pflanze, die an der Spitze blüht, die Früchte in den Blattachseln bildet.

Die in einer Rispe (Fahne) zusammengefaßten, männlichen Ährchen an der Spitze der Pflanze sind zweiblütig und enthalten 3 Staubblätter und einen verkümmerten Fruchtknoten. Von den in den Blattachseln in Kolben zusammengefaßten, zweiblütigen weiblichen Ährchen kommt nur eine Blüte zur Entwicklung. Die Kolben sitzen auf Seitenästen und sind von 4–14 Hüllblättern (Lieschen) geschützt. Damit die Blüten befruchtet werden können, bilden sie lange fadenförmige Griffel, die die Spitzen der Lieschblätter überragen. Die reifen Körner enthalten je nach der Sorte mehr oder weniger Carotin (gelb) oder Anthocyan (dunkle Farben). Bei Befruchtung durch genetisch unterschiedlichen Pollen können Kolben mit verschieden gefärbten Körnern (Xenien) entstehen. Ein Kolben erreicht eine Länge von etwa 20 cm und trägt 300 bis 500 Körner (Karyopsen). Eine Maispflanze bildet nur 1–3 Kolben. Bei den heute bekannten Varietäten mit unterschiedlicher Kolbenzahl ist jedoch die Fruchtmasse konstant: Die einen Sorten produzieren **einen einzigen großen** Kolben, andere **drei entsprechend kleinere.**

Anbau. Die Maisbauern können das Saatgut nicht selbst gewinnen: Es muß jedes Jahr neu von Saatgutanstalten bezogen werden.

Jene Varietäten, die den heute geforderten hohen Ertrag bringen, sind nur durch gezielte Kreuzung zu erzeugen.

In den Saatgutanstalten werden Standardkreuzungen durchgeführt, aber auch laufend Kreuzungen neuer Varietäten getestet. Unter den Hybriden entstehen dann und wann Exemplare, die deutlich bessere Eigenschaften aufweisen als ihre Eltern (Heterosis). Hat man eine Kreuzung mit einem solchen Ergebnis gefunden, führt man sie im großen Stil durch und verkauft das Saatgut.

Man unterscheidet drei Kreuzungstechniken: In der **Einfachhybridkreuzung** verwendet man das Erbgut von nur **zwei Eltern**. Diese Methode ist teuer, weil die inzuchtgeschwächten Mutterpflanzen wenig Samen bilden. Sie sind notgedrungen inzuchtgeschwächt, denn sie müssen ja zu reinen Linien gehören.

In der **Dreiweghybrid-Methode** geht man von **einem reinrassigen** und **einem beliebigen Elter** aus. So wird die Produktionsleistung von Samen verbessert. Am häufigsten wird heute das **Doppelhybrid-Kreuzungssystem** verwendet, das von vier reinrassigen Vorfahren ausgeht, deren Nachkommen zur Saatgutgewinnung gekreuzt werden. Dieses Verfahren ergibt das beste Saatgut in großen Mengen, weil es den Heterosiseffekt gleich zweimal nützt. Es bedarf jedoch eines Zeitraumes von 6 Jahren, bis mit dieser Methode neues Saatgut in genügenden Mengen zur Verfügung steht.

Das für den Maisanbau geeignete Gebiet wird durch einige Eigenschaften der Pflanze eingeschränkt: Mais ist frostempfindlich. Er keimt erst bei einer Bodentemperatur von 8–10° C. Er bevorzugt neutrale bis schwach saure Böden. Er verlangt eine ausreichende Sonneneinstrahlung. Wo diese fehlt, wie zum Beispiel in Monsunasien, lohnt sich der Maisanbau nicht. Die Kultur ist wenig arbeitsintensiv. Aussaat und unbedingt notwendige Unkrautkontrolle und Düngung lassen sich maschinell durchführen. Der Erntetermin für Körnermais ist dann erreicht, wenn sich die Körner nicht mehr ritzen lassen. Ihr Wassergehalt beträgt dann rund 40%. Mit der Ernte darf bis zu einer erntegünstigen Witterung zugewartet werden, denn die Pflanzen sind witterungsunempfindlich, die Kolben in den Lieschblättern geschützt, und die Körner erleiden nach der Reife keinen Nährstoffverlust.

Züchtung. Zu den in erster Linie angestrebten Zielen gehören:
- Kälteresistenz: Mit Sorten, die diese Eigenschaft aufweisen, könnte man neue Gebiete für den Anbau erschließen.
- Gehalt und Zusammensetzung des Eiweißes: Sowohl den Lysin- und Tryptophangehalt, als auch den Anteil an Gesamtprotein will man vergrößern.

- Verkürzung der Vegetationsperiode: Mit dieser Eigenschaft könnte das Anbaugebiet ebenfalls erweitert werden. Bislang ist sie aber mit einer Ertragseinbuße verbunden.
- Züchtung auf Kolbenvielzahl, Verlängerung des Kolbens, Vergrößerung des Umfangs und des Einzelkorns.
- Krankheitsresistenz.
- Ein wesentliches Ziel ist es auch, die Ausgangslinien zu verbessern, die zur Saatgutproduktion dienen (vgl. 1.6.5.).

Ernte. Man erntet Mais als **Grünmais** in der Regel bereits zur Zeit des Ährenschiebens, als **Silomais**, wenn das Endosperm eine teigartige Struktur aufweist oder als **Körnermais** in der Körnerreife.

Die Ernte kann in jedem Fall maschinell erfolgen. Zum Einsatz gelangen je nach Verwendungszweck der Ernte Pflücker, Pflücker mit Entliescher, Pflückhäcksler (für Silage), Pflückschroter (für Kolbenschrot) und Pflückrebler (für die Entkörnung).

In der Regel wird **Silomais** geerntet. Die zur Ernte von Silomais eingesetzten Maschinen nehmen die Pflanzen auf und verhäckseln sie mit Zerkleinerungsaggregaten. Stengel, Blätter und Kolben werden mit Messern in 1,0–1,5 cm lange Stücke zerschnitten. Das zerkleinerte Gut muß umgehend siliert werden.

Körnermais ist in den Tropen und Subtropen bedeutend. In Deutschland wird die Körnerreife nur in den südlichen Regionen und bei günstigen Witterungsbedingungen erreicht.

Die Entkörnung erfolgt mit sogenannten **Pflückreblern**. Wie arbeiten solche Anlagen? Der Kolbenpflücker zieht die Maisstengel in einen Kanal, in welchem gegenläufig rotierende Walzen mit Profil die Kolben absprengen. Im Dreschwerk schlagen Stifte oder Schläger einer Trommel die Kolben gegen einen Korb. Die Umlaufgeschwindigkeit einer Dreschtrommel beträgt, je nach dem Trommeldurchmesser, 500–600 Umdrehungen/Min. Da die Konsistenz und Größe der Kolben von Ernte zu Ernte stark variieren kann, ist die Umlaufgeschwindigkeit, die die Qualität des Ausdrusches wesentlich bestimmt, meist stufenlos verstellbar.

Die ausgeschlagenen Körner fallen durch den siebartigen Dreschkorb, dessen Stellung dem jeweiligen Dreschgut angepaßt werden kann. Nun folgt im Verarbeitungsgang der auf einer Kurbelwelle gelagerte Schüttler, der das Stroh wiederholt aufwirft und dabei noch vorhandene Körner abtrennt. Die Körner durchlaufen anschließend einen Reinigungsvorgang, in welchem mit Gebläse und Sieben alle Verunreinigungen ausgesondert werden. Das auf dem Feld verbleibende Maisstroh arbeitet man durch Pflügen oder Fräsen in den Boden ein.

Erträge. Die Angaben über Maiserträge schwanken. Für Grün- oder Silomais kann mit 100–200 dt/ha gerechnet werden. Der Kornertrag variiert zwischen 30 und 100 dt/ha.

Verwertung. Grün- und Silomais dient als Futter für Rinder. Das Erntegut wird durch Silage haltbar gemacht (Gärfutter). Silage ist ein billiges Konservierungsverfahren, bei welchem nur geringe Mengen von Nährstoffen verloren gehen. Ein großer Teil des heutigen Winterfutters besteht aus Silomais.

Die Voraussetzungen für eine erfolgreiche Silage sind:
- Das Erntegut muß trocken eingebracht werden. Andernfalls setzen Fäulnisprozesse, u. a. die Essig- und Buttersäuregärung ein; dabei werden die wertvollen Bestandteile des Futters zersetzt, und es entstehen unerwünschte Stoffe.
- Das Erntegut soll dicht gelagert sein. Nur so ist ein gleichmäßiges Vergären gewährleistet. Das Material wird unter anderem aus diesem Grund verhäckselt.
- Das zu vergärende Material muß Zucker enthalten. Durch Zucker wird der Prozeß der Milchsäuregärung unterhalten. Milchsäure unterdrückt Fäulnisbakterien.
- Die Milchsäuregärung geht unter Luftabschluß vor sich. Das Gärgut muß deshalb in einen luftdichten Silobehälter abgefüllt werden können. Pro Großvieh und Winter rechnet man mit 10 m^3 Silo-Raumbedarf. Die bei der kalten Gärung entstehende Milchsäure läßt den pH-Wert des Gärgutes auf unter 3,5 sinken. Unter diesen Bedingungen kommen die Atmung und andere enzymatische Zellvorgänge zum Stillstand, und das Erntegut wird haltbar. Die Haltbarkeit läßt sich durch Sprühen von Propionsäure noch verbessern.

Für den menschlichen Bedarf erntet man die Maiskolben in der Milchreife und konserviert sie als Gemüse. Auch die reifen Körner speziell dazu geeigneter Maissorten können als Gemüse verzehrt werden. Die reifen Körner verarbeitet man aber auch zu Grieß und bereitet daraus Polenta. Die Körner können auch im Dampf gequollen und anschließend zu Cornflakes ausgewalzt, oder als Puffmais (Popcorn) verzehrt werden. Maismehl und Maisstärke dienen als Ausgangsmaterial für Pudding, Klöße, Kuchen und Paniermehl.

Mais enthält etwa 9% Eiweiß und 4–8% Fett, vor allem im Keimling. Maiseiweiß ist wegen Mangel an Lysin und Tryptophan nicht vollwertig. Das Mehl enthält keinen Kleber und ist deshalb ohne Zusatz von Weizenkleber schlecht backfähig. Das aus dem Fett des Keimlings gewonnene Öl findet als Speiseöl und für die Herstellung von Kosmetika Verwendung.

Aus dem Preßsaft von Zuckermais (Zuckergehalt = 15%) gewinnt man in den USA Zucker. Der Körnermais dient ferner zur Herstellung von Traubenzucker und Alkohol, der neuerdings auch zur Gewinnung von Gasohol, einem Treibstoffgemisch aus Alkohol und Benzin, verwendet wird.

1.7. Der Reis *Oryza sativa*

Heimat. Reis wurde schon um 3500 v. Chr. in Non Nok Tha (Nordthailand) angebaut. Es ist überliefert, daß er in der Chen-Nung-Periode (2800 v. Chr.) in Südchina genutzt wurde. Vermutlich kam er von Indien her in diese beiden Gebiete. Erst um 300 v. Chr. gelangte die Kunde vom Reis über Aristobulos von Kassandreia, einem Begleiter Alexanders des Großen, nach Europa. Im 7. bis 8. Jh. nach Chr. brachten die Araber die Reiskultur nach Spanien und Sizilien, und im 16. Jh. führten die Spanier den Reisanbau in Amerika ein.

Heute wird praktisch ausschließlich *Oryza sativa*, in Westafrika auch vereinzelt *O. glaberrima* kultiviert. Man vermutet, daß *O. sativa* aus der Wildart *O. perennis* herzuleiten ist, und daß die afrikanische *O. glaberrima* aus einer Wildart jener Gegend entstand.

Verbreitung. Reis wird heute in 83 Ländern in nennenswertem Umfang produziert (Weizen in 80 Ländern). Die Anbaugebiete finden sich vor allem in Asien, wo in den vergangenen Jahren (1977–1979) 91 % der Weltproduktion erzeugt wurde. Die restlichen 9 % kommen aus Nord- und Südamerika, Afrika, Europa und Ozeanien.

Die Hauptanbaugebiete befinden sich in tropischem und subtropischem Klima in Küstenniederungen und Talsohlen von Flußtälern. Die nördlichsten Vorkommen liegen auf 50° NB in der Tschechoslowakei, die südlichsten in Australien und Uruguay auf 35° SB.

Bedeutung. 1,3 Milliarden Menschen ernähren sich zum überwiegenden Teil von Reis, weitere 0,4 Milliarden sind weitgehend (zu 25–50 %) von diesem Nahrungsmittel abhängig. Die Produktion konnte im Zeitraum zwischen 1968 und 1978 von 284 auf 376 Mio. t gesteigert werden und hat sicher den höchstmöglichen Wert noch nicht erreicht.

Der Reis wird hauptsächlich für den Eigenverbrauch produziert. Nur 2,6 % (1977) des Gesamtvolumens gelangen in den Handel. Heute sind größere Verschiebungen zu beobachten: Einige Nationen, die früher exportieren konnten, brauchen heute ihre Überschüsse selbst, weil inzwischen die Bevölkerung stark gewachsen ist (Beispiel: China, Japan, Malaysia). Andere Staaten steigerten dagegen ihre Produktion erheblich und erscheinen heute als Exporteure (Beispiel: Thailand, Pakistan, Burma, Ägypten, Brasilien und Argentinien). Im Jahre 1977 war Thailand mit einer

Exportmasse von 3 Mio. t der bedeutendste Exporteur, gefolgt von den USA (2,0 Mio. t) und China (1 Mio. t). Brasilien, Argentinien und Australien konnten ihre Exporte ebenfalls erhöhen und werden in Zukunft eine immer bedeutendere Rolle im Export übernehmen.

Außer den genannten wichtigen Ausfuhrländern importieren fast alle Staaten der Erde Reis in größerem oder kleinerem Ausmaß.

Morphologie. Da die Reispflanze an nasse Standorte angepaßt ist (auch der Trockenreis verlangt während der Wachstumsphase einen feuchten Boden), bildet sie äußerst derbe und widerstandsfähige **Wurzeln**. Diese enthalten ein luftführendes Atemgewebe (Aerenchym), das mit demjenigen der Blätter verbunden ist. Über das Atemgewebe werden die Wurzelzellen mit Sauerstoff versorgt. Das Aerenchym bringt der Reispflanze einen Selektionsvorteil: Sie ist in der Lage, überschwemmte Gebiete zu besiedeln.

Die **Höhe** der Reispflanze beträgt bei den meisten in Kultur stehenden Sorten um 100 cm. Zwergformen werden jedoch nur 30–50 cm hoch. In den Monsungebieten kommen dagegen Sorten vor, die mit dem Anwachsen der Seen oder Flüsse zur Zeit der Regenfälle Schritt halten und dabei unter Wasser Höhen von 6–7 Metern erreichen können (Tiefwasser- oder Schwimmreis). Diese Reissorten, die zum Beispiel in Kambodscha oder in Vietnam heimisch sind, werden vom Schiff aus geerntet.

Eine einzige Reispflanze hat bis zu 20 **Halme**. Der Blütenstand ist eine verzweigte Rispe mit 30–200 Ährchen. Die Spelzen sind hart und derb und schließen die Körner auch bei der Reife fest ein. Dies ist für den Drusch von Bedeutung. Lange Grannen sind wegen des erschwerten Dreschens unerwünscht und daher weggezüchtet worden.

Anbau. Man unterscheidet zwischen **Wasser**- und **Trockenreis**. Der Wasserreis verlangt während der gesamten Wachstumsphase überschwemmte Felder und wird daher in Gebieten mit ausreichendem Wasserangebot kultiviert. Vom gesamten Anbauareal entfallen $^5/_6$ auf Wasserreis. Vor allem in Asien überwiegt der Wasserreis bei weitem: In Bangla Desh 77 %, Indonesien 79 %, auf den Philippinen 80 %, gewöhnlich aber über 95 % (Sri Lanka, Taiwan, Japan, Vietnam u. a.). In Afrika beträgt dieser Anteil dagegen nur 25 %, in Südamerika 35 %.

Dafür gibt es mehrere Gründe: Einmal sind es geschmackliche Unterschiede (Asiaten geben dem Geschmack des Wasserreises eindeutig den Vorzug), ferner spielen Tradition, Wasserangebot und natürlich die Erträge eine Rolle. Falls viel Wasser zur Verfügung steht, wird der ertragreichere Wasserreis angebaut. Dabei gilt es aber zu berücksichtigen, daß die Wasserreiskultur sehr arbeitsintensiv ist.

Wasserreisanbau. Über Jahrhunderte hinweg haben die asiatischen Reisbauern die Felder für den Wasserreis stetig perfektioniert. Die kunstvoll angelegten Reisterrassen und die ausgedehnten Kanalsysteme in verschiedenen Ländern sind inzwischen weltberühmt.

Das Pflügen und Überschwemmen der Felder geschieht nach stets gleichen, überlieferten Prinzipien. Schwierig gestalten sich diese Arbeiten in Ländern, wo neue Gebiete für den Anbau von Wasserreis innerhalb kurzer Zeit erschlossen werden sollen. Es gilt dann, Wasser zu fassen und in oft kilometerlangen Kanälen zum Anbaugebiet zu leiten. Die neuen Felder müssen absolut flach hergerichtet werden und mit einem Zu- und einem Abfluß versehen sein, damit sie gleichmäßig überflutet sind. Das Aufwerfen langer Dämme und das Ziehen von Gräben gehören zu den unerläßlichen Voraussetzungen, ebenso ein verfestigter Untergrund, der das Versickern des Wassers unmöglich macht.

Nach einer Entwicklungszeit von 3–4 Wochen pflanzt man die

Bild 13 Die asiatischen Reisbauern nutzen das Kulturland intensiv. Die Felder sind an Bewässerungskanäle angeschlossen und oft nur auf Fußwegen erreichbar.

ca. 25 cm hohen Pflänzchen in 20x20 cm Abständen auf das überschwemmte Feld. Das Auspflanzen geschieht in der Regel von Hand.

Düngung oder chemische Unkrautbekämpfung sind in Asien noch wenig gebräuchlich und im Wasserreisanbau auch nicht unbedingt notwendig, denn durch die Bewässerung mit Flußwasser, das dort oft größere Mengen von ausgewaschenen Mineralsalzen und organischem Material enthält, ist eine ausreichende Düngung meistens gewährleistet.

Reis ist anspruchslos und bringt auf vergleichsweise armen Böden Ertrag. Bei einer ausreichenden Düngung mit Ammonsulfat oder Harnstoff und Silikat läßt sich zwar eine erhebliche Ertragssteigerung bewirken; die meisten asiatischen Bauern sind jedoch nicht in der Lage, Kunstdünger in größeren Mengen einzukaufen.

Sobald sich die Spelzen gelb verfärben, legt man die Felder trocken. Auch heute noch ernten die meisten Asiaten von Hand. Namentlich in den Terrassenkulturen wäre ein Maschineneinsatz wegen der beschränkten Platzverhältnisse nicht gut möglich und bei den geringen Dimensionen der Felder auch nicht rationell.

Wasserreis kann nach der Ernte ein zweites und ein drittes Mal austreiben und Frucht bringen (Ratoon-crop). Dabei verkürzt sich die Vegetationsperiode um 12–20 Tage. Der Ertrag liegt unter günstigen Bedingungen um 20 % höher als bei der ersten Ernte.

Bild 14 Die Arbeit der Reispflanzerin ist hart. Während mehrerer Stunden am Tag drückt sie junge Reispflanzen in den schlammigen Grund des überschwemmten Feldes.

Trockenreisanbau. Auf dem amerikanischen und dem afrikanischen Kontinent (vereinzelt auch in Asien) wird auch die Kultur von Trockenreis (auch Bergreis genannt) betrieben. Die Trockenreispflanze begnügt sich im allgemeinen mit dem Wasserangebot aus den natürlichen Niederschlägen. Man geht ganz ähnlich vor wie bei der Weizenkultur: Das Pflügen, Eggen, Säen und Jäten wird zumeist von Maschinen besorgt. Sobald die ersten Spelzen bei der Fruchtreife vergilben, ernten die amerikanischen Farmer mit modernen Mähdreschanlagen. Dank der Rationalisierung kann der Nachteil des kleineren Ertrages, den die Trockenreis- gegenüber der Wasserreiskultur erbringt, wettgemacht, ja sogar überkompensiert werden. Dort, wo die Möglichkeit dazu besteht, wechselt man daher auf die Trockenreiskultur über.

Angesichts der großen Bedeutung von Reis als Grundnahrungsmittel für eine schnell wachsende Menschheit interessiert die Frage, ob sich der Ertrag noch wesentlich steigern läßt. In mehreren nationalen und internationalen Instituten arbeiten Hunderte von Wissenschaftlern verschiedenster Richtungen an diesem Problem. Projekte gibt es insbesondere auf den Gebieten der

- Wasserwirtschaft: Verbesserung der Fassung, Kanalisation und Verteilung des Wassers.
- Neulandgewinnung: Das für den Reisanbau geeignete Gebiet läßt sich durch entsprechende Maßnahmen noch erheblich ausdehnen.
- Düngung: Es müssen Mittel und Wege gefunden werden, die auch ärmeren Bauern die Düngung und damit eine Umstellung auf die modernen Hochleistungssorten ermöglichen.
- Pflanzenschutz: Die seit Jahrtausenden in Kultur stehende Pflanze wird von Dutzenden von Krankheiten und Schädlingen befallen. Durch eine hundertprozentig erfolgreiche Bekämpfung könnte der Reisertrag annähernd verdoppelt werden.
- Neuzüchtungen: Die Ertragsverbesserungen, die durch Züchtung erzielt werden konnten, sind sehr ermutigend. Auch die Einkreuzung von Krankheitsresistenz wäre eine wesentliche Verbesserung.

Züchtung. Alle Kulturpflanzen werden in Forschungslaboratorien in aller Welt untersucht. Bei keiner anderen Pflanze sind jedoch in den letzten Jahren so durchschlagende Erfolge erzielt worden wie beim Reis. Die Kreuzung, die weltweiten Ruhm erlangte, und die für die »grüne Revolution« verantwortlich war, heißt IR 8 und verließ das Reisforschungsinstitut auf den Philippinen (IRRI in Los Baños) im Jahre 1967. Die Bedeutung der Reiskreuzung ist so überragend, daß im folgenden kurz auf die Kreuzungstechnik eingegangen werden soll.

Kreuzungstechnik. Eine Einzelblüte öffnet sich bei der Reispflanze nur für 5–50 Minuten, in der Regel während der größten Hitze des frühen Nachmittags. Zu 99% findet bereits innerhalb der Knospe Selbstbefruchtung statt, denn die Staubbeutel springen schon vor der Öffnung der Blüte auf (vgl. auch S. 22).

Um gezielte Kreuzungen durchzuführen, muß der Genetiker der Selbstbefruchtung zuvorkommen. Dazu sind spezielle Methoden entwickelt worden. Am gebräuchlichsten ist heute das Aufschneiden der Blüten, Absaugen der Staubblätter und Abdecken der künstlich befruchteten Blüten.

Man geht dabei so vor:

Bei allen Pflanzen, deren Rispen etwa zur Hälfte aus der Blattscheide ragen, und bei welchen im obersten Drittel die Blüten bereits geöffnet sind, werden das oberste Rispendrittel, die unreifen Ährchen des untersten Drittels und die Blattscheide weggeschnitten. Ungefähr 60 der 200–300 Blüten bleiben stehen: Sie sind resistent genug, um die nun folgende Operation schadlos zu überstehen, aber ihre Staubbeutel sind noch geschlossen.

Das für den Eingriff richtige Stadium ist erreicht, wenn die Staubbeutel durch das Wachstum der Staubfadenhaare in das vorderste Drittel der noch geschlossenen Blüte geschoben worden sind. Dies läßt sich beurteilen, wenn man die Blüten gegen das Licht hält: Die Staubbeutel zeichnen sich dann dunkel ab. Nun schneidet man mit einer Schere bei all diesen Blüten die Spitze, die die Pollensäcke enthält, weg. Dabei bleiben Fruchtknoten und Narbe unverletzt. Nicht erfaßte Staubblätter saugt man mit einem feinen Röhrchen ab. Anschließend werden die behandelten Rispen für 12–18 Stunden mit Pergamenttäschchen abgedeckt. In dieser Zeit reifen die Narben. Nun entfernt man die Pergamenttaschen und bestäubt mit Pollen der Vaterpflanze. Darauf werden die Pergamenttäschchen mit der Nummer des Befruchtungsversuches bezeichnet und die Blüten wieder abgedeckt.

Im Treibhaus reifen die Früchte innerhalb von 21 Tagen heran. Die reifen Körner sind schmal und tropfenförmig und sofort keimfähig, aber sehr anfällig für Pilzkrankheiten.

Zuchtziele. Es gibt zahlreiche Zuchtziele, denn die Reispflanze soll an verschiedenste Standorte angepaßt und gegen die unterschiedlichsten Krankheiten resistent gemacht werden. Unter den Zuchtzielen, die **morphologische** Veränderungen anstreben, sind folgende zu nennen:

- Ausfallfestigkeit und Verkürzung der Grannen für bestimmte Sorten.
- Form und Struktur des Korns: Es sollte groß, glasig und gleichmäßig hart sein. Dann erzielt es einen guten Preis und zerbricht beim Stampfen nicht.
- Verlängerung der Rispe und Erhöhung des Fruchtansatzes. Das bedingt aber eine gleichzeitige Erhöhung der Düngergabe, die den meisten Bauern aus Kostengründen nicht möglich ist.
- Erhöhung der Standfestigkeit durch Zwergwuchs. Kleine Pflanzen erreichen auch die Reife schneller.

Um insbesondere den asiatischen Bauern besser helfen zu können, streben die Genetiker heute vermehrt **physiologische** Zuchtziele und Krankheitsresistenz an, zum Beispiel:

–Pflanzen, die eine höhere Toleranz gegen Trockenzeiten, Kälte oder Wasser aufweisen. Dadurch ließen sich neue Gebiete für den Anbau erschließen.
–Salzverträgliche Sorten, die Brackwassergebiete erschließen könnten.
–Krankheitsresistenz, die kurzfristig den größten Gewinn brächte, da die Bauern nur ungern Geld für Schädlingskontrolle ausgeben, und sich deshalb die Krankheiten oft epidemisch verbreiten und entsprechend große Schäden anrichten. Durch Einkreuzung von Krankheitsresistenz entfiele das Problem der Bekämpfung, und die Erträge würden stark ansteigen.

Ernte. Sobald die Rispen vergilben, bereitet man die Ernte vor. Die Körner sind in diesem Zeitpunkt noch feucht: Die völlige Austrocknung auf dem Feld kann nicht abgewartet werden, weil dann die Ausfallverluste ansteigen und die Reiskörner wegen der hohen Temperaturschwankungen auf dem Feld Risse erhalten würden.

In den meisten Ländern Monsunasiens ernten ganze Dorfgemeinschaften von Hand. Man verwendet Erntemesser mit Bambusgriff und sammelt nur die Ähren in umgehängten Säcken. Nachher trocknet man den Reis an der Luft.

Das Dreschen geschieht auf vielfältigste Weise: Es wird von Tierhufen oder durch Stampfen mit Bambusrohren, durch mit Wasser angetriebene Stampfwerke oder moderne elektrifizierte Anlagen besorgt.

In den Trockenreiskulturen vieler hochentwickelter Staaten kommen Mähdreschanlagen zum Einsatz.

Erträge. In Abhängigkeit vom geographischen Standort, von Düngungs- und Bewässerungsmaßnahmen, Sortenwahl, Krankheitskontrolle und anderen Faktoren schwanken die Erträge in hohem Maße. Während in unterentwickelten Gebieten (zum Beispiel Kambodscha oder Indien) die Erträge bei 14–17 dt/ha liegen, sind sie in den subtropischen Gebieten von Taiwan oder Südkorea mit 40–46 dt/ha viel höher. Auf Versuchsfeldern konnte durch Aufsummieren mehrerer Ernten in einem Jahr sogar ein Wert von 110 dt/ha erreicht werden. In den Tropen liegen die Werte einer einzigen Ernte allgemein tiefer, weil die Sonnenscheindauer kürzer ist als im Sommer der subtropischen Gebiete. Ferner veratmen die Pflanzen in den warmen Tropennächten mehr Nährstoffe.

Verwertung. Der Stärkegehalt des Reiskorns liegt sehr hoch (bis 80%), der Eiweißgehalt bei 7% und der Fettgehalt bei 1%.

Der für den Export bestimmte Reis wird gedroschen, dann jedoch wieder mit 5% ungedroschenem (paddy) vermischt. Der ungedroschene Reis hat die Aufgabe, das Transportgut locker zu halten. Diese Qualität heißt »Cargo rice«. Wenn der ausländische Reis die europäischen Reismühlen erreicht, muß er nochmals gedroschen werden.

Anschließend wird der Reis geschält. Dies geschieht in einer Apparatur, die aus zwei horizontal angeordneten Mühlsteinen besteht. Der untere ist fest, der obere rotiert. Die Oberfläche der Steine ist aufgerauht, der Abstand zwischen ihnen beträgt wenige Millimeter. Der Reis kommt durch eine Öffnung im Zentrum des oberen Steines in diesen Raum hinein und wird durch Reiben an den Steinen von seinen Spelzen befreit. Nun nennt man den Reis »hulled« oder »brown«. Seine Lagerfähigkeit ist schlecht, weil das im Keimling enthaltene Fett leicht ranzig wird. Deshalb folgt als nächster Arbeitsgang das **Schleifen**, das heißt die Entfernung der Keimlinge und der Silberhaut.

Die Beobachtung, daß bei ausschließlicher Ernährung von geschältem Reis die Beriberi-Krankheit auftritt, führte zur Entdekkung der bis dahin unbekannten Wirkstoffgruppe der Vitamine; im geschälten Reis fehlt das Vitamin B_1.

Vor dem Schleifgang kann eine Dampfbehandlung erfolgen, die die Vitamine aus der Silberhaut ins Korninnere verlagert und gleichzeitig das Korn bruchfest macht. Dabei entsteht »parboiled rice«. Nach anschließender Trocknung folgt dann das Schleifen.

In den Schleifmaschinen drücken schnell rotierende, konische Steine die Körner an Wände aus grobem Stoff oder Drahtnetz. Die dabei abgelösten Bruchstücke der Silberhaut fallen durch die Poren der Netzwände nach außen und ergeben Kleie, ein wertvolles Futter. Nach mehreren Schleifdurchgängen fällt der polierte Reis (Head) an, der mit Stärkesirup oder Talk glasiert praktisch unbegrenzt haltbar ist (coated rice). Die Glasur wird beim Waschen und Kochen weggelöst.

Qualitäten. Nach der Herkunft und Sortenwahl unterscheidet man verschiedene Qualitäten:
- Indische Qualität: Meist längliches und hartes Korn.
- Japanische Qualität: Rundliche und glasige Körner.
- Nordamerikanische Qualität: Längliche, harte und durchscheinende Körner.
- Europäische Qualität: rundliche und weiche Körner.

Kleberreiche Sorten kochen sich glasig-hart, kleberarme Sorten dagegen weich; letztere eignen sich für Milchreis und Süßspeisen.

Weitere Verwendungsmöglichkeiten. Puffreis wird für Schokolade- und Zuckerwaren sowie als Suppeneinlage verwendet. Man läßt eingeweichten Reis unter starkem Dampfdruck aufquellen und hebt dann den Überdruck plötzlich auf; dadurch bläht sich das Korn auf ein Mehrfaches seines Volumens auf.

Die Reisstärke wird für Kosmetika und Textilappretur verwendet. In verschiedenen Ländern brennt man vergorene Reisstärke und gewinnt so Sake (Japan) oder Arrak. Das Fett der Kleie wird auch für die Kerzen- und Seifenfabrikation herangezogen. Die abgetrennten Spelzen schließlich finden als Brennmaterial, Füllstoff oder Isoliermaterial Verwendung.

1.8. Die Hirsen *Sorghum/Panicum/Setaria/Pennisetum/Eleusine/Eragrostis*

Heimat. Die Rispenhirse *(Panicum)* stammt aus der Mongolei, die Kolbenhirse *(Setaria)* aus Ostasien. Beide wurden in Europa schon in der Steinzeit angebaut. Die Perlhirse *(Pennisetum)*, die Fingerhirse *(Eleusine)* und Teff *(Eragrostis)* sind auf das abessinische Genzentrum zurückzuführen. Die Mohrenhirse *(Sorghum)* stammt aus dem abessinischen Hochland und war dort schon 4000–3000 v. Chr. bekannt. 1500–1000 v. Chr. wurde sie nach Indien und China, kurz nach Beginn unserer Zeitrechnung in das Mittelmeergebiet verbreitet.

Verbreitung. Das Verbreitungsgebiet umfaßt heute den gesamten Bereich der semiariden Tropen. In vielen Ländern Afrikas ist Hirse das Hauptnahrungsmittel.

Bedeutung. Die Hirse ist wichtig sowohl als Nahrungsmittel, als auch als Futtergetreide. Für ca. 300 Millionen Menschen in Afrika, Indien und der VR China bildet die Hirse die Nahrungsgrundlage.

Einige Industrienationen erzeugen und exportieren Hirse vornehmlich als Futtergetreide. Die Welternte aller Hirsen wird auf 98,7 Mio. t geschätzt. Davon entfallen 56,7 Mio. t auf Sorghum.

Zu den Hauptproduzenten gehören die USA, China, Indien und Nigeria. Exporte kommen aus den USA (4 Mio. t) und Argentinien (1,5 Mio. t). Mais wird als Futtergetreide jedoch bevorzugt.

Morphologie. Alle Hirsen haben hohe Temperaturansprüche und kommen mit wenig Wasser aus. Das steht in Einklang mit den morphologischen Besonderheiten dieser Pflanzen: Sie senken die Wurzeln bis 1,5 m tief ab und weisen an Stengel und Blättern einen Wachsüberzug auf.

Nach den Formen der Rispen unterscheidet man:

Stamm Eragrosteae:

- Teff *(Eragrostis teff)* mit einer langen, feingliedrigen Rispe.
- Fingerhirse *(Eleusine coroacan)* mit 3–8 Ähren, die doldig angeordnet sind.

Stamm Paniceae:

- Perlhirse *(Pennisetum typhoides)* mit einem walzenförmigen Kolben als Blütenstand.
- Kolben- oder Borstenhirse *(Setaria italica)* mit einem vielfach verzweigten Kolben.
- Rispenhirse *(Panicum miliaceum)* mit einer ausgebreiteten Rispe.
- Japanische Hirse *(Echinochloa frumentacea)*, deren Blütenstand aus langen Seitenzweigen mit dichten Ährchen besteht.

Stamm Andropogonae:

- Mohrenhirse *(Sorghum bicolor)* mit einer lockeren Rispe und großen Körnern.

Anbau. Die Hirsen gelten als sehr anspruchslos, weil sie die zur Verfügung stehenden Nährstoffe intensiv ausnützen. Sie wachsen jedoch langsam, und die Anbauflächen müssen von Unkraut freigehalten werden.

Züchtung. Die Forschung versucht, den Proteingehalt, insbesondere den Gehalt der essentiellen Aminosäuren Lysin und Tryptophan zu erhöhen. Ferner wollen die Genetiker Krankheitsresistenz in die bestehenden Linien der Kulturhirsen einkreuzen.

Ernte. Die Hirsen sind ausfallfest (ausgenommen die Rispenhirse und Teff). Man kann sie daher auf den Feldern trocknen lassen. In den Entwicklungsländern erntet man von Hand, in den Industrieländern mit Mähdreschern. Es sind mehrere Folgeernten möglich.

Erträge. Im Weltdurchschnitt erhält man 12 dt/ha. Unter guten Bedingungen sind aber bis zu 50 dt/ha Kornertrag möglich.

Verwertung. In Afrika bereitet man aus Finger- und Mohrenhirse Brei und Fladenbrot sowie Bier. Die Körner werden für Grütze, Brei oder Suppen verwendet. Aus dem Embryo gewinnt man Öl. Die Japanische Hirse, die Perl- oder Mohrenhirse pflanzt man hauptsächlich als Futtergetreide an.

2. Pflanzen mit Knollen und Wurzelspeichern

2.1. Allgemeines

In Europa bildet die **Kartoffel** zusammen mit dem Getreide die wesentlichste Grundlage für die Ernährung von Mensch und Tier. Dies ist jedoch nicht überall so. In den weiten Gebieten der Tropen, wo die Mehrzahl der Menschen lebt, kann die Kartoffel zwar angebaut werden, bringt aber keinen lohnenden Ertrag. Dafür gibt es dort eine Reihe anderer Kulturpflanzen, die für jene Gegenden die Stellung der Kartoffel einnehmen. Diese Pflanzen sind aus mehreren Gründen interessant:

- Sie bilden die Existenzgrundlage für viele hundert Millionen von Menschen.
- Sie liefern das Ausgangsmaterial für viele Industrie- und Handelsprodukte.
- Sie besitzen erstaunliche Abwehrkräfte gegen verschiedenste Formen von schädigenden Einflüssen, ganz im Gegensatz zur Kartoffel.
- Sie sind in hohem Maße an die Gegebenheiten der Tropen angepaßt.

  Aus diesen Gründen sollen die wichtigen, aber in Europa wenig bekannten Kulturpflanzen **Maniok** und **Batate** ebenfalls vorgestellt werden.

2.2. Die Kartoffel *Solanum tuberosum*

Heimat. Die in den gemäßigten Zonen häufig kultivierte Kartoffel stammt ursprünglich nicht aus dieser Region. Sie wurde von den spanischen Eroberern (Pizarro) aus dem Inkareich, also aus dem heutigen Peru, zunächst nach Europa gebracht und verbreitete sich von dort aus später in alle Welt. Für die Inkas war die Kartoffel ein Grundnahrungsmittel. Geschichtliche Daten weisen darauf hin, daß sie diese Pflanze bereits vor 9000 Jahren anbauten. In der neueren Zeit wurden in Peru, Bolivien und Chile 90 wilde und über 400 domestizierte verwandte Arten gefunden.

Als europäische Kulturpflanze konnte sich die Kartoffel erst um 1830 durchsetzen.

Verbreitung. Die Kartoffel gedeiht am besten in den gemäßigten Zonen. In den Tropen baut man sie nur in Gebirgslagen an. Die tieferen Lagen der Tropen sind ungeeignet, weil die tagsüber gebildete Stärke in den warmen Nächten wieder veratmet wird. Aus diesem Grund bilden sich dann keine oder nur unscheinbare Knollen. Die nördliche Anbaugrenze wird durch die Frostempfindlichkeit der Pflanze bestimmt. Die nördlichsten Vorkommen (frühreife Sorten) reichen bis 78° NB (Norwegen).

Bedeutung. In bezug auf Nahrungsmittelproduktion und Nährwerteigenschaften ist die Kartoffel von hervorragender Bedeutung: Sie liefert hohe Erträge an Stärke (pro Fläche etwa doppelt so viel wie Getreide), und ihr Eiweiß enthält alle essentiellen Aminosäuren.

Die Bedeutung der Kartoffel als Handelsware ist gering. Der Gehalt von rund 75% Wasser, die beschränkte Haltbarkeit, die aufwendige Lagerhaltung sowie die Verletzlichkeit und Verderblichkeit der Knollen sind Hindernisse für einen ausgedehnten Handel.

Im Jahre 1978 produzierte die UdSSR mit 85,9 Mio. t den weltgrößten Anteil, gefolgt von Polen mit 44,8 Mio. t, USA mit 16,3 Mio. t, der Bundesrepublik Deutschland mit 10,5 Mio. t, der DDR mit 10,1 Mio. t und Indien mit 9,0 Mio. t. Die Weltproduktion schwankt um 300 Mio. t.

In Deutschland geht der Kartoffelanbau deutlich zurück. Gründe dafür liegen im geringeren Bedarf für die menschliche Ernährung und für Futterzwecke (die Kartoffel wurde durch Mais ersetzt). Trotz insgesamt rückläufigem Verbrauch gehört die Kartoffel immer noch zu den Grundnahrungsmitteln der Europäer und Amerikaner.

Morphologie. Die Kartoffel zeichnet sich durch eine große Sortenvielfalt aus. Verschiedene Merkmale wie Blütenfarbe, Rindenfarbe der Knollen u. a. weichen zwischen den einzelnen Sorten stark ab. Stets sind es aber einjährige, krautige Pflanzen mit unpaarig gefiederten Blättern, die Zwischenfiedern aufweisen. Von besonderem Interesse sind die unterirdischen Stengel (Stolonen), die an den Enden jene knollenartigen Verdickungen bilden, die wir Kartoffeln nennen.

Die Kartoffel hat eine verkorkte Rinde, die gegen Umwelteinflüsse schützt. Kleine Verletzungen werden wieder mit Rinde überzogen. Bei genauer Beobachtung erkennt man am unteren Ende einer Kartoffel die ehemalige Anwachsstelle, den sogenannten Nabel. Das gegenüberliegende Ende heißt Krone. Dort befindet sich die Mehrzahl der »Augen«. Beachtet man die Stellung der Augen zueinander, so sieht man, daß sie auf einer Spirale liegen, die sich gegen die Krone verengt. Die Augen sind Sprossanlagen; sie treiben nach der Ruheperiode, die durch Hemmstoffe verursacht wird, aus. Heute sind mehrere Methoden bekannt, mit denen die Wirkung der Hemmstoffe hinausgezögert oder gebrochen werden kann. Das ist ein großer Fortschritt, denn nun kann man Pflanzgut nach der Bestellung des Käufers in Keimstimmung bringen. Damit läßt sich die Entwicklungszeit der Kartoffelpflanze auf dem Feld verkürzen.

Das Längenwachstum ist von der Belichtung abhängig. In der Dunkelheit wachsen lange, am Licht kurze Triebe. Für die heutige maschinelle Aussaat eignen sich letztere besser. Brechen die Keime beim Umschaufeln, Transportieren oder Auslegen ab, vermag die Kartoffel an derselben Stelle neue Triebe zu bilden.

Anbau. Um die Keimstimmung auszulösen, bringt man die Kartoffeln in klimatisierten, hellen Lagerhäusern in dünner Schicht auf Holzroste. Ein Anheben der Temperatur beschleunigt den Abbau der Hemmstoffe und löst dadurch das Wachstum der Keime aus.

Die Kartoffel ist anspruchslos, sie gedeiht selbst auf leichten Sandböden. Vor dem Auslegen bereitet man den Acker durch Pflügen, Eggen und Anlegen von »Kartoffeldämmen« vor. Die Erddämme bezwecken eine Erleichterung der maschinellen Pflege und insbesondere der Ernte: Es ist einfacher, die Kartoffeln aus einem Damm herauszuholen, als sie aus der flachen Erde auszugraben.

Das Kartoffellegen ist heute weitgehend mechanisiert. Man verwendet Vollautomaten, die über eine Endloskette Saatkartoffeln aus einem Vorratsbehälter schöpfen. An dieser Kette sind eine Art Löffel befestigt, die die Kartoffeln einzeln aufnehmen. Die Löffel bringen die Knollen in die von der Maschine ausgehobenen Furchen und legen sie dort schonend ab. Hinterher werden sie mechanisch zugedeckt.

Die Pflege der Kartoffelbestände ist arbeitsintensiv und umfaßt mehrmaliges Hacken, Häufeln und Striegeln der Dammfurchen, eine sorgfältige Bekämpfung von Unkraut, Schädlingen und Krankheiten und schließlich das Abtöten des Kartoffelkrautes kurz vor der Ernte. Mit dieser Maßnahme erreicht man eine vollständige Ablagerung der wertvollen Stoffe in den unterirdischen Speicherorganen und anschließend eine Lockerung der Verbindung der Kartoffel mit dem Stolon (Verbindung zur übrigen Pflanze). Die Vegetationsdauer der Kartoffel ist sortentypisch und liegt zwischen 90 Tagen für Frühkartoffeln und 160 Tagen für späte Sorten.

Züchtung. Die Kartoffelzüchtung strebt vor allem folgende Ziele an:

- Ausdehnung der Ackerbauflächen durch Züchtung von frostresistenten Sorten.
- Gestaltsveränderungen der Pflanze, die den Einsatz von Maschinen erleichtern: Zum Beispiel die Verkürzung der Stolonen (Vorteil der Konzentration der Knollen auf engem Raum zur leichteren Ernte); gleiche Form der Knollen (erleichtert den Einsatz von Legemaschinen); Knollen mit flachen Augen (Verluste durch die Schälmaschine werden kleiner).
- Befriedigung der Ansprüche der Konsumenten durch glatthäutige, ansprechend geformte und gefärbte Knollen mit gelbem Fleisch.
- Steigerung der Erträge, Verkürzung der Vegetationsperiode sowie Krankheitsresistenz.

Ernte. Vor der Ernte tötet man das Kraut mit chemischen Mitteln ab. Damit erreicht man

- eine bessere Befahrbarkeit des Feldes,
- eine vollständige Ablagerung aller noch vorhandenen Nährstoffe in den Knollen,
- eine Lockerung der Verbindung zwischen Stolonen und Knollen,
- eine Verfestigung der Knollenschalen.

Wenn die Beschaffenheit des Bodens günstig ist – nicht zu feucht und nicht zu trocken – fährt der Kartoffelroder die Furchen entlang und gräbt die Kartoffeln aus. Dabei wird der Damm gehoben, die Erde durch Schütteln abgesiebt und das Kraut abgetrennt. In der Folge bringt das Hubrad die vorgereinigten Kartoffeln zur Entfernung kleinerer Verunreinigungen (z. B. Steinchen) auf eine Art Tisch. Schließlich werden die Knollen gesammelt. In modernen Rodern erleiden die Knollen wenige oder keine Verletzungen; kleinere Wunden vernarben schnell und beeinträchtigen das Erntegut kaum.

Erträge. Für Frühkartoffeln (Entwicklungszeit 80–105 Tage) rechnet man mit Erträgen von 200–250 dt/ha. Späte Sorten erreichen das Reifestadium erst nach 140–160 Tagen, ergeben dann jedoch 300–400 dt/ha, weil sie viel länger assimilieren. In den Tropen liegen die Erträge mit 10 dt/ha wesentlich niedriger. Der Weltdurchschnittsertrag beträgt 139 dt/ha.
Lagerung: Bei der Lagerung verliert die Kartoffel in jedem Fall an Gewicht. Dieser Gewichtsschwund ist durch Atmung, Wasserverlust, Keimung und Fäulnis bedingt. Bei hoher Temperatur

steigt der durch Atmung verlorene Anteil an Stärke, bei zu niedriger Temperatur wird Stärke verzuckert, eine ebenfalls unerwünschte Erscheinung. Als optimale Lagertemperatur hat sich der Bereich zwischen 3° C und 5° C erwiesen. Die heutigen Lagerhäuser sind automatisch klimatisiert: Es wird für eine ausreichende Belüftung und eine Luftfeuchtigkeit von 92–95 % gesorgt.

Verwertung. Vor dem Verkauf wärmt man die Lagerbestände auf. Dabei wird allenfalls gebildeter Zucker veratmet. Für eine marktgerechte Aufbereitung folgt das Sortieren, Verlesen, Waschen und Bürsten. Nun erst sind die Kartoffeln für das Abpacken bereit.

Nach den Inhaltsbestandteilen steht die Kartoffel zwischen den Getreiden (stärkereich) und dem Gemüse (hoher Wassergehalt). Sie enthält 75 % Wasser, 20 % Stärke, 2 % Eiweiß, 1 % Rohfaser und 1 % Mineralstoffe und die Vitamine C, B_1, B_2-Komplex, B_6, Pantothensäure und K.

Industriell wird die Kartoffel zur Gewinnung von Stärke (z. B. zu Puder, Pudding) und Branntwein verwertet. Die Veredlungsindustrie erzeugt Chips und Pommes frites, Kartoffelsalat, Püreepulver und Kloßmehl. Die Hersteller von Chips und Pommes frites bevorzugen ovale Kartoffeln. Der Gehalt an reduzierenden Zuckern sollte möglichst gering sein, da sie für die Verfärbung beim Backen verantwortlich sind.

2.3. Der Maniok *Manihot spec.*

Heimat. Die nächsten Verwandten des Kultur-Maniok wachsen in Nordbrasilien, Paraguay und Mexiko, soweit dort ein trockenes, heißes Klima herrscht. Dort vermutet man auch die Ursprungsorte dieser Pflanze. Maniok ist in Venezuela für die Zeit um 2700 v. Chr. nachgewiesen. Durch die portugiesischen Eroberer kam er über Afrika nach den tropischen Regionen Asiens, wo er sogleich Fuß faßte.

Verbreitung. Die Maniokpflanze ist heute über alle tropischen Länder der Welt verbreitet, denn sie vereinigt viele Vorteile auf sich:

- Maniok bringt von allen Kulturpflanzen den höchsten Stärkeertrag pro Fläche, mehr als zehnmal soviel wie Mais.
- Anbau und Vermehrung sind völlig problemlos.
- Die Knollen bleiben in ungeerntetem Zustand monatelang frisch, können also nach Bedarf geerntet werden. Damit entfällt das Problem der Lagerung, das in den Tropen oft nur unter größten Schwierigkeiten lösbar ist.

Bedeutung. Die Bedeutung von Maniok läßt sich u. a. aus dem Umfang der Weltproduktion von 105 Mio. t ablesen. Brasilien ist der größte Produzent und erzeugt über 30 Mio. t, Indonesien folgt mit 20 Mio. t.

Lokal genießt Maniok eine große Bedeutung als Grundnahrungsmittel. Aus den Knollen gewinnt man Mehl, die Blätter dienen als Gemüse oder werden zu Würze verarbeitet.

Maniok liefert auch das Ausgangsmaterial für die Herstellung von Handelsgütern. Dazu rechnet man Tapioka, Stärke, Dextrin, technischen Alkohol und Treibstoff. Der geschätzte jährliche Handelswert für Maniokprodukte beträgt 500 Mio. US $.

Morphologie. Eine junge Maniokpflanze muß man sich wie ein kleines Bäumchen vorstellen. Ein Stämmchen trägt eine verzweigte Krone mit langgestielten, tief gelappten Blättern und unscheinbaren, meist gelblichgrünen Blüten. Mehrjährige Bestände wachsen zu einem fast undurchdringlichen Dickicht von niederliegenden und aufrechtstehenden Stengeln heran. Die Wurzelknollen sind zylindrisch und können über einen Meter lang und mehrere Kilogramm schwer werden. Es gibt Sorten mit sehr hartem, andere mit schwammigem Fleisch, und der Geschmack kann bitter, würzig oder angenehm süßlich sein. Man unterscheidet für gewöhnlich zwischen »bitteren« und »süßen« Sorten.

Anbau. Die Pflanzung ist denkbar einfach: Aus abgeernteten Beständen gewinnt man 30–40 cm lange Stengelstücke, die 4–6 Augen aufweisen, und steckt diese in den vorbereiteten Boden. Die kulturtechnischen Maßnahmen beschränken sich auf das Anhäufeln und anfängliche Unkrautkontrolle. Im Verlaufe von ¾ Jahren entwickelt die Pflanze ihre oberirdischen Teile, im letzten Viertel bildet sie hauptsächlich die Knollen aus.

Die Pflanze ist unempfindlich gegen Trockenheit oder gegen nährstoffarme Böden, braucht aber viel Sonne und ist stark frostempfindlich. Das Anbaugebiet kann sich daher nicht über den südlichen und nördlichen 30. Breitengrad ausdehnen.

Züchtung. Maniok ist gut an das tropische Klima angepaßt, könnte aber noch besser auf die Bedürfnisse des Menschen abgestimmt werden:
- Eine Verkürzung der Knollen würde die Ernte erleichtern und vielleicht sogar den Einsatz von Rodegeräten erlauben.
- Eine Verringerung des Linamarin- und eine Erhöhung des Proteingehaltes würde die Qualität des Knollenfleisches verbessern.
- Durch Veränderung der Wuchseigenschaften in Richtung einer buschigen und weniger ästigen Pflanze könnten die Feldarbeiten entscheidend vereinfacht werden.

Ernte. Die Gestalt und Länge der Wurzelknollen ist daran schuld, daß nach wie vor von Hand geerntet werden muß: Die Knollen werden aus dem Boden gezogen, nachdem man mit dem Spaten die Erde etwas gelokkert hat.

Bild 15 Der Maniok bildet Wurzelspeicher, die ausgewachsen über einen Meter lang werden können.

Erträge. Der Kleinbauer der Tropen erreicht einen Ertrag von 50–100 dt/ha. In gut drainiertem und gedüngtem Boden und bei entsprechender Pflege sind jedoch auch 600–800 dt/ha Ertrag möglich.

Verwertung. In den Tropen werden die Wurzelknollen zum Teil stundenlang gekocht, wobei das Kochwasser mehrmals gewechselt wird. Erst dann preßt man das Wasser ab und erhält so ein genießbares Nahrungsmittel. Neuerdings gibt es ähnlich wie für Kartoffeln eine Veredelungsindustrie, die aus Maniok »Chips« herstellt.

Zur Bereitung von Tapiokamehl wird Maniok gewaschen und zerkleinert. Dann läßt man die Stärke in schwach fließendem Wasser absitzen, sammelt, reinigt und trocknet sie.

Tapioka wird weltweit als Viehfutter geschätzt. Vermischt mit Mais- oder Weizenmehl ergibt Tapioka ein backfähiges Gemenge, das in verschiedenen tropischen Ländern zur Bereitung eines Fladenbrotes dient.

2.4. Batate *Ipomoea batatas*

Heimat. Die Batate (Süßkartoffel) wurde von den europäischen Eroberern sowohl in Amerika als auch in Polynesien als Kulturpflanze angetroffen. Eine Wildform ist nicht bekannt; vermutlich stammt die Süßkartoffel aus Südamerika.

Verbreitung. Das Anbaugebiet der Batate erstreckt sich über dasjenige des Maniok hinaus. Man pflanzt die Süßkartoffel nicht nur in den Tropen, sondern bis hinauf nach den USA an. Am stärksten ist der Anbau der Batate in China verbreitet.

Bedeutung. Von den 125 Mio. t Weltproduktion kommen 103 Mio. t aus China. Weitere wichtige Erzeugerländer befinden sich in Südostasien und Afrika. Die USA sind mit 4,4 Mio. t Jahresproduktion beteiligt.

Morphologie. Es gibt über 500 verschiedene Sorten von Batate, die sich alle in morphologischen Merkmalen unterscheiden. Dennoch können einige allgemein gültige Aussagen gemacht werden.

Die Batate gehört zur Familie der Windengewächse und bildet lagernde, bis 5 m lange Stengel. Die Blätter sind langgestielt und haben eine dreieckige Spreite. Die Blüten gleichen denjenigen unserer einheimischen Windengewächse.

Die Knollen weisen Augen auf, sind also Sprossknollen wie die Kartoffeln. Ihr gelbes Fruchtfleisch enthält Stärke, einige Prozent Zucker, Eiweiß und Wasser. Vom Zuckergehalt rührt der Name Süßkartoffel her.

Anbau. Als Pflanzmaterial benützt man an der Anbaugrenze im Norden vorgekeimte Knollen. So kann die kurze, frostlose Vegetationszeit ausgenützt werden. In den Tropen dienen Stengelstücke, die man zu einem Kranz flicht, als Pflanzmaterial. Das Ausbringen in die vorbereiteten Felder geschieht von Hand oder maschinell. In verschiedenen Gegenden wird Batate wie die Kartoffel gehäufelt. Die Unkrautkontrolle erübrigt sich, da die Batate bereits nach kurzer Entwicklungszeit das Feld vollständig beherrscht. Batate braucht sehr viel Sonne.

Züchtung. Ein vordringliches Zuchtziel ist die Verkürzung der Ranken. Im feuchten Klima entwickeln die Ranken ein starkes Längenwachstum, schlagen an den Knoten Wurzeln und entziehen der Mutterpflanze dabei Nährstoffe. In China schneidet man aus diesem Grund die Ranken zurück.

Weitere Zuchtziele betreffen die Vergrößerung der Knollen, Widerstandsfähigkeit gegenüber Krankheiten und Schädlingen und Verbesserung der Qualität des Knollenfleisches.

Ernte. Nach einer Wachstumszeit von 4–5 Monaten kann mit der Ernte begonnen werden. Für diese Arbeit sind Rodemaschinen entwickelt worden.

Bild 16 Die Batate ist ein Windengewächs, das am Boden wuchert. An den Ausläufern entstehen unterirdische Knollen von Kartoffelgröße.

Wo diese nicht zur Verfügung stehen, pflügt oder gräbt man die Knollen aus dem Boden. Die Knollen können bis 5 kg schwer sein, entsprechen aber den Wünschen der Käufer dann am besten, wenn sie gleichmäßig und etwa faustgroß sind. Bataten sind außerhalb eines Kühlhauses nur etwa 2–3 Wochen lagerfähig. Durch Lufttrocknung kann man sie länger haltbar machen.

Erträge. Die Angaben für die Knollenerträge schwanken je nach den Standortbedingungen zwischen 50 dt/ha und 400 dt/ha.

Verwertung. Die Batate wird, soll sie als Nahrungsmittel für den Menschen dienen, gekocht oder geröstet. In Scheiben geschnittene und getrocknete Süßkartoffeln heißen »flakes«. Aus den Blättern bereitet man Gemüse. Batate ergibt auch ein wertvolles Viehfutter. Industriell verarbeitet man das Erntegut zu Stärkepulver, Stärkeflocken, Marmelade oder Alkohol.

3. Zucker liefernde Pflanzen

3.1. Allgemeines

Zucker ist ein wichtiger Rohstoff. In wirtschaftlich bedeutendem Umfang läßt er sich aus Zuckerrohr und Zuckerrübe gewinnen. Zucker ist für mehrere Staaten in den tropischen und subtropischen Regionen die Hauptquelle für Deviseneinnahmen.

3.2. Die Zuckerrübe *Beta saccharifera*

Heimat. Die Zuckerrübe stammt direkt von der Runkelrübe und indirekt von der *Beta maritima* ab, die in den Küstenregionen des Mittelmeeres und des Atlantiks bis hinauf zur Nordsee vorkommt. Die Beta wurde vermutlich schon von den Phöniziern genutzt, allerdings als Gemüsepflanze. Im 18. Jahrhundert entdeckte man ihre Eignung als Futterpflanze, und 1747 fand A. S. MARKGRAF heraus, daß der in der Wurzel gespeicherte Zucker identisch ist mit demjenigen des Zuckerrohrs. Durch Züchtung wurde der Zuckergehalt systematisch erhöht, bis schließlich die Rentabilitätsschwelle von 8% überschritten wurde. Fortgesetzte züchterische Maßnahmen brachten eine weitere Steigerung des Zuckergehaltes auf 16%. Heutige Rüben können unter günstigen Bedingungen einen Gehalt von 25% aufweisen.

Verbreitung. Die Zuckerrübe braucht Wärme und verträgt Frost schlecht. Sie ist eine typische Kulturpflanze der gemäßigten Zone mit maritimem Klima. Sie gedeiht von den Subtropen, wo sie mit dem Zuckerrohr konkurriert, bis hinauf zu 60° NB.

Bedeutung. In den gemäßigten Zonen ist die Stellung der Zuckerrübe bedeutend. Sie produziert pro Flächeneinheit die größte Menge an Nährstoffen und erreicht nahezu das potentiell mögliche Maximum der Nettoassimilationsrate. Sie ist vielseitig, denn sie bringt nicht nur einen Zuckerertrag, sondern auch einen wertvollen Futterertrag an Blättern. Rübenanbau gilt als sicher, weil zwischen dem Produzenten und dem Abnehmer (Zuckerfabrik) vertragliche Abmachungen über die Abnahme getroffen werden.

Für die Bedeutung des Zuckers gibt es auch andere Hinweise:

Bild 17 Die Zuckerrübe gehört zu den besonders ergiebigen Nutzpflanzen. Sie bringt in kurzer Zeit einen hohen Ertrag.

Die Zuckerproduktion ist heute Gegenstand von mehreren **internationalen** Abkommen (EG-Zuckermarktordnung, u.a.). Jeder Vertragspartner erhält eine bestimmte Grundquote für die Erzeugung zugesprochen, an die er sich halten muß. Man will so Fehlproduktionen vermeiden und eine Stabilisierung des Zuckerpreises erreichen.

Die **Produktionsmengen** sind zum Teil beträchtlich: 1978 betrug die Weltproduktion an Rüben 261 Mio. t, was eine Zuckermenge von 54,5 Mio. t ergab. In der Rangliste der Rübenproduzenten führt (1978) die UdSSR mit 84 Mio. t. Sie wird gefolgt von den USA (23 Mio. t), Frankreich (22,9 Mio. t) und der Bundesrepublik Deutschland (18,4 Mio. t), von Polen mit 15,6 Mio. t und Italien (11,8 Mio. t).

Morphologie. Auf unseren Feldern ist die Zuckerrübe an ihrem dichten Schopf von langgestielten, gewellten Blättern zu erkennen. In einer Vegetationsperiode bringt sie bis zu 60 Blätter hervor, die zusammengenommen eine recht große Assimilationsfläche ergeben. Die Assimilate werden in die Wurzel transportiert und dort in Parenchymzellen abgelagert. Die Pflanze ist in der Lage, gelöste Saccharose in hoher Konzentration (bis 25 %) einzulagern (im Gegensatz zu anderen Pflanzen, die die osmotisch inaktive Stärke als Speicherstoff benützen).

Im Verlauf der Vegetationsperiode schwillt die anfänglich dünne Primärwurzel zum Rübenkörper an. Unten verläuft der Rübenkörper in einen sogenannten Schwanz, der in eine Tiefe von 1–1,5 m vordringt. In ungünstigem Boden oder als Folge von Krankheiten bilden sich manchmal auch mehrere Schwänze aus (Beinigkeit). Derartige Rüben sind nahezu wertlos; sie dürfen nicht verarbeitet werden, weil sie Schmutz einschließen.

Im Querschnitt des Rübenkörpers sind 8–12 konzentrische Gefäßbündelringe zu erkennen – ein gutes Unterscheidungsmerkmal zur Runkelrübe (Futterrübe) mit nur 3–6 Ringen.

Nicht geerntete Rüben bilden im zweiten Jahr mit Hilfe der in der Wurzel gespeicherten Stoffe einen gut 2 m hohen Sproß mit 10000–20000 Blüten. Jeweils 3–4 der kleinen, unscheinbaren Blütchen sind miteinander verwachsen. Bei der Fruchtreifung entstehen daraus sogenannte »Knäuel«, unregelmäßige Gebilde, die 3–4 Samen enthalten. Diese botanische Besonderheit hat für den Landwirt sehr unangenehme Folgen, denn er muß von den 3–4 Pflanzen, die aus dem Saatkorn (Knäuel) hervorgehen, alle bis auf eine weghacken (vereinzeln). Das ist eine mühsame und zeitraubende, vor allem aber kaum mechanisierbare Arbeit.

Es war daher ein vordringliches Ziel der Züchter, neue Sorten mit einsamigen Knäueln herzustellen. Dies ist mittlerweile gelungen. Heute gibt es »monogermes« Saatgut, das aus Körnern mit nur einem Keimling besteht, und das nicht vereinzelt zu werden braucht.

Die Zuckerrübensamen sind sehr klein und enthalten wenig Nährgewebe. Das hat zur Folge, daß die Samen bei der Aussaat nur mit einer sehr dünnen Schicht lockerer Erde bedeckt werden dürfen, weil ihre Stoffreserve für das Austreiben schnell erschöpft ist.

Anbau. Der Zuckerrübenanbau gilt als anspruchsvoll und aufwendig. Man bevorzugt die guten Schwarz- oder Braunerdeböden sowie kalkhaltige Lehmböden. Das Feld wird im Herbst gepflügt und geeggt. Vor der Aussaat soll die oberste Erdschicht feinkrümelig sein, damit die Samen gut durchbrechen können. Die Aussaat erfolgt im Mittelmeergebiet im Herbst, nördlich der Alpen jedoch zwischen Mitte März und Mitte April.

Seit einiger Zeit verwendet man für diese Arbeit Einzelkorn-Sämaschinen. Ausgesät wird entweder Saatgut, das durch maschinelles Aufbrechen der Knäuel gewonnen wurde und mehrheitlich aus Bruchstücken mit je einem Keimling besteht, oder das von neueren Zuchtsorten stammende Monogermsaatgut. Die Samen sind flach und bleiben häufig aneinander hängen. Um sie für eine Maschine einzeln greifbar zu machen, umgibt man sie mit einer Hüllmasse und formt sie zu Kügelchen. Diesen Vorgang nennt man »Pillieren«.

Die Sämaschine räumt die Kluten weg, zieht mittels Säschar eine spitzwinklige Saatrinne, legt mittels Zellenrad die Samen 2–3 cm tief ab, preßt sie mit der Andrückerrolle fest in die Erde, deckt anschließend mit dem Zustreicher und verdichtet dann den Boden mittels Druckrolle. Moderne Geräte streuen auch noch Körner in die Saatrinne, die Schädlingsbekämpfungsstoffe oder Dünger enthalten. Bei guter Arbeit aller Teile der Sämaschine lassen sich die Abstände zwischen den Samen genau einhalten; dementsprechend wachsen dann die Pflänzchen.

Die Pflege der Kultur konzentriert sich in der Folge auf die Unkrautkontrolle und die Lockerung des Bodens. Billig, aber zeitaufwendig kann mechanisch mit dem Striegel vorgegangen werden. Einfacher ist die Unkrautbekämpfung mit Herbiziden. Die heranwachsenden Zuckerrüben haben einen hohen Bedarf an Dünger. Während der ganzen Vegetationszeit gilt es, sorgfältig auf Krankheiten und Schädlinge zu überprüfen.

Nach einer Wachstumszeit von 180–220 Tagen hat der Zuckergehalt im Rübenkörper das Maximum erreicht; dann kann man ernten.

Züchtung. Die Zuckerrübe ist ein Musterbeispiel für Züchtungserfolge. Innerhalb von rund 180 Jahren stieg ihr **Zuckergehalt** von 3–4% um 1802 auf über 25% (Spitzenwert).

Als von den Pflanzen zum Zweck der Mechanisierung **Monogerm-Saatgut** verlangt wurde, züchtete man auch dies mit Erfolg.

Die **Rübenform** konnte auf Rodegeräte abgestimmt werden. Früher lösten Kälteperioden ein direktes Schossen (unter Umgehung der Phase des Rübenwachstums) aus. Nach jahrelanger Selektion auf Schoßresistenz sind nun die heutigen Sorten **schoßfest**. Es gelang ferner, **virentolerante** Stämme zu züchten.

Heute wird auf den genannten und weiteren Gebieten gearbeitet. Durch Heterosiszüchtung versucht man den Ertrag zu verbessern. Außerdem strebt man eine höhere Saftreinheit, ein höheres Gewicht und einen höheren Zuckergehalt der Rüben an. Durch Einkreuzung von Wildformen verbessert man die Krankheitsresistenz. Das »süße Salz«, das zur Zeit Napoleons infolge der Kontinentalsperre 180 Goldmark pro Kilogramm kostete und damit mehr als ein Luxusartikel war, ist unter anderem auch dank der Züchtung heute zu einem Volksnahrungsmittel von größter Bedeutung geworden.

Ernte. Zur fortlaufenden Beschickung der Zuckerfabrik werden die Felder möglichst gestaffelt abgeerntet, wobei man nicht immer den optimalen Ernte-Zeitpunkt abwarten kann.

Heute sind Vollerntemaschinen gebräuchlich. Was diese erstaunlich vielseitigen Maschinen leisten, soll hier näher beschrieben werden. Die Ernte setzt sich aus folgenden Arbeitsschritten zusammen:

- Köpfen zum Entfernen der obersten Scheibe mit den Blättern,
- Putzen der Schnittstelle,
- Herausheben des Rübenkörpers aus der Erde,
- Reinigung des Rübenkörpers und Überführung in eine Transporteinrichtung.

Selbstverständlich wachsen die Rüben nicht nur in verschiedenen Winkeln, sondern auch verschieden hoch. Jede Rübe muß deshalb **individuell** geerntet werden. Wird sie zu hoch geköpft, enthält der Rübenkörper zu viele stickstoffhaltige Substanzen, die die Kristallisation des Zuckers in der Fabrik hemmen. Wird hingegen zu tief geköpft, verliert man zuckerhaltiges Gewebe. Die Vollerntemaschine tastet daher die Höhe der Rübenköpfe einzeln ab und steuert das Köpfmesser in Sekundenbruchteilen auf die richtige Höhe. Das abgeschnittene Material wird entweder zur späteren Silierung gesammelt oder auf dem Feld liegengelassen. Hinter dem Köpfmesser folgen Putzschleudern – gegenläufig rotierende Besen – zum Entfernen anhaftender Blätter. Nun folgt das Schar, eine keilartige Vorrichtung, welche den Rübenkörper aus der Erde hebt. Über Reinigungstrommeln werden die Rüben geputzt. Anschließend kommen sie in einen Bunker oder auf einen mitfahrenden Wagen.

Erträge. Die Zuckerrübe bringt einen doppelten Ertrag: An Rüben sind 500–600 dt/ha zu erwarten, die Ausbeute an Blättern beträgt 400–500 dt/ha. In subtropischen Gebieten kann der Ertrag noch höher liegen.

Verwertung. Die Fabrikation von Zucker gliedert sich in folgende Teilschritte:

Saftgewinnung. Beim Eintritt in die Fabrik werden die Rüben gewaschen und in Streifen von 3 mm Dicke geschnitten. Im Extraktionsturm entzieht man den Schnitzeln den Zucker mit heißem, entgegenströmendem Wasser. Der gewonnene **Rohsaft** hat eine dunkelgraue Farbe, weil er neben dem Zucker noch Farbstoffe, Eiweiß, Säuren, Mineralsalze, nicht kristallisierbare Zucker, Amine u. a. enthält.

Vorreinigung. Der Rohsaft wird mit Kalkmilch versetzt, wobei die Nichtzuckerstoffe ausfallen. Durch Einblasen von Kohlendioxid trennt man die Verbindung von Kalk und Zucker und fällt die nicht erwünschten Stoffe aus. Nun wird filtriert und der Prozeß nochmals wiederholt. Dabei entsteht der hellgelbe **Dünnsaft** mit einem Zuckergehalt von 13–15 %. Man überführt den Dünnsaft in Verdampfungsapparate, die im Vakuum stufenweise Wasser entziehen. Dabei entsteht der goldgelbe **Dicksaft** mit 65–70 % Trokkensubstanz, hauptsächlich aus Zucker bestehend.

Kristallisation. Durch Kochen übersättigt sich die Zuckerlösung, und die Kristallisation setzt ein.

Zentrifugation. Die Kristalle werden in Zentrifugen von der Melasse, die nicht kristallisierbare Anteile und Zucker enthält, abgetrennt. Zur Nachreinigung verwendet man Dampf oder gereinigte Zuckerlösung, die nachher in die Kristallisationsapparaturen zurückgeführt wird. Nun werden die Kristalle getrocknet und nach Korngröße abgesiebt.

Raffination. Beim Raffinieren wird der schwach braune Zucker erneut gelöst, durch Entfärbungsfilter aus Aktivkohle gepreßt und rekristallisiert.

Aus der Beschreibung ist ersichtlich, daß die Zuckeraufbereitung großtechnische Anlagen voraussetzt. Die Zuckerproduktion muß daher auf der Ebene von Kooperativen durchgeführt werden oder unterliegt der Initiative des Staates.

Die beim Prozeß anfallende Melasse wird als Viehfutter verwendet und dient als Nährgrund zur Züchtung von Presshefe. Aus Melasse kann auch Spiritus hergestellt werden. Der Kalkschlamm enthält viele wertvolle Stoffe und wird als Dünger verkauft.

Zucker kommt als Kristallzucker, gemahlen als Staub- oder Puderzucker und gepreßt als Würfelzucker in den Handel. Er findet in der Lebensmittel-, Getränke- und Süßwarenindustrie Verwendung.

3.3. Das Zuckerrohr *Saccharum officinarum*

Heimat. Angesichts der Verbreitung des Zuckerrohrs in den Tropen der ganzen Welt war es schwierig, das Ursprungsgebiet dieser Kulturpflanze festzustellen. Nachdem man auf Neuguinea und den umliegenden Inseln mehrere Zuckerrohrtypen fand, die bei den Eingeborenen in Kultur standen, bezeichnen viele Forscher jenes Gebiet als Heimat des Zuckerrohrs. In Neuguinea wachsen unter unterschiedlichen ökologischen Bedingungen verschiedene Zuckerrohrarten, von welchen *S. robustum* vermutlich die wichtigste Ausgangsform ist. Die Eingeborenen kauen die Stengel und saugen den Saft heraus. Für sie ist der Zucker ein Hauptnahrungsmittel.

Verbreitung. Das Zuckerrohr war schon in der Zeit um 8000–6000 v. Chr. in tropisch Asien verbreitet. Im 7. und 8. Jahrhundert führten die Araber den Anbau dieser Pflanze im südlichen Mittelmeergebiet zwischen Ägypten und Spanien ein. Die Kaufleute aus Venedig besorgten den Transport und gelangten u. a. durch diesen Handel zu großem Reichtum. Zwischen 1500 und 1850 brachten die Spanier und Portugiesen das Zuckerrohr nach Nord- und Südamerika, die Franzosen auf die Antillen und nach Westafrika, die Engländer nach Süd- und Ostafrika und nach Australien, und die Holländer richteten auf Java Plantagen ein. Niedrigste Preise des aus den Kolonien und zum Teil durch Sklavenarbeit erzeugten Zuckers brachten den fast völligen Zusammenbruch der Kulturen am Mittelmeer. In den tropischen Gebieten ist Zuckerrohr bis heute eine wichtige Kulturpflanze geblieben.

Bedeutung. Zuckerrohr wird in über 70 Ländern angebaut, meist zur Deckung des Eigenbedarfes. Brasilien ist mit 7,6 Mio. t (1978) der größte Rohrzuckerproduzent, gefolgt von Indien (7,0 Mio. t), Kuba mit 6,5 Mio. t, Mexiko (3,2 Mio. t), Australien (3,0 Mio. t), Südafrika und den Philippinen mit je 2,1 Mio. t. Die Weltproduktion ist Schwankungen unterworfen und bewegte sich in den Jahren 1976–78 zwischen 53 und 56 Mio. t.

Morphologie. Das Zuckerrohr ist ein Gras, das 4–5 Meter hoch wird und bestocken kann. Seine Stengel sind in 10–16 Knoten gegliedert und erreichen durchschnittlich einen Durchmesser von 4–5 cm. Die Blätter sind auf 2 Zeilen angeordnet. Die Bildung von Blüten und Früchten im Feld ist unerwünscht, denn für deren Wachstum würde der im Stengel gespeicherte Zucker abgebaut.

Anbau. Die Zuckerrohrpflanzer produzieren das zum Auspflanzen benötigte Stengelmaterial (vegetative Fortpflanzung) entweder in eigenen Vermehrungsanlagen oder sie übernehmen es von erntereifen Feldern. Man unterteilt die Stengel in 30–40 cm lange Stücke, legt sie in ca. 20 cm tiefe Gräben und deckt sie mit Erde zu.

In hochentwickelten Gebieten besorgen riesige Maschinen diese Arbeit in einem Arbeitsgang. Zwei Wochen nach dem Ausbringen der Stengel erscheinen die Jungpflanzen. In den ersten Monaten braucht die Kultur eine intensive Pflege in Form von Hacken, mechanischer oder chemischer Unkrautbekämpfung und gegebenenfalls Bewässerung (z. B. auf Java, Hawaii und in Argentinien).

In der Regel bringt man die Abfallstoffe der Zuckeraufbereitung als Dünger auf die Felder. Diese Düngung bedarf nur gerin-

Bild 18 Die Zuckerrohrernte von Hand ist aufwendig, aber immer noch verbreitet. In hochentwickelten Anbaugebieten kommen auch Erntemaschinen zum Einsatz.

ger Ergänzungen, denn mit dem Produkt Zucker werden ja keine pflanzlichen Nährstoffe weggeführt. Je nach Anbaugebiet verstreichen 8–22 Monate bis zur Ernte. In Kuba läßt man die im Boden verbleibenden Wurzelstöcke neu austreiben (Ratoon-crop), manchmal für eine Dauer von 10 Jahren. Dadurch erspart man Pflanzarbeit, dafür fallen aber die Erträge der Ratoon-crop geringer aus. In Java pflanzt man jedes Jahr neu. In den meisten Anbaugebieten erfolgt nach der zweiten oder dritten Folgeernte ein Fruchtwechsel.

Züchtung. Die Zuckerrohrzüchtung gilt als sehr schwierig: Eine Rispe besteht aus Hunderten von kleinsten Blüten, die nicht immer fruchtbar sind. In der Zuckerrohrzüchtung sind aus diesem Grund besondere Kreuzungstechniken entwickelt worden.
Unter den heute angestrebten Zuchtzielen sind zu nennen:

- Zur Befriedigung der Ansprüche des Pflanzers: Kurze Vegetationsdauer, hoher Massenertrag, gute Bestockung, Krankheitsresistenz, Abfallen der unteren Blätter (Arbeitsersparnis bei der Ernte), Nichtblühen.
- Durch den Verarbeitungsprozeß bedingte Anforderungen der Zuckerfabrik: Gerade Stengel, lange Internodien, hohe Saftreinheit und hoher Zuckergehalt.

Ernte. Der Reifungsprozeß wird heute mit Chemikalien oder kulturtechnischen Maßnahmen (Ausmaß der Bewässerung) gebremst oder beschleunigt. Der optimale Erntezeitpunkt wird anhand von Messungen des Zuckergehaltes mit dem Refraktometer bestimmt. Dieses Gerät nützt die Tatsache aus, daß eine Rohrzuckerlösung die Ebene polarisierten Lichtes nach rechts abdreht, wobei sich der Winkel als Funktion der Zuckerkonzentration verändert.

Vor der Ernte, die auf den Terminplan der Fabrik abgestimmt sein muß, sprühen die Pflanzer in den Industrienationen chemische Desikkatoren. Darauf brennt man die abgestorbenen Blätter und die anderen trockenen Pflanzenteile ab. Das Feuer frißt sich von selbst durch das ganze Feld. Die Hitze im brennenden Feld zerstört die zuckerabbauenden Enzyme im Stengel, wodurch die Haltbarkeit des Zuckers im Rohr erhöht wird. Man erspart sich ferner durch das Abbrennen das aufwendige Entfernen der Blätter, die in jedem Falle weggenommen werden müssen, weil sie den Aufbereitungsprozeß stören.

In vielen Ländern ist die Handernte üblich.

Das geschnittene Rohr verliert in wenigen Tagen seinen Zuckergehalt und muß deshalb schnell eingebracht und verarbeitet werden. Für den Transport verwendet man in den verschiedenen Anbaugebieten Fuhrwerke, Lastwagen, Eisenbahnwagen oder sogar Schiffe, die auf den Bewässerungskanälen fahren.

In den höchstentwickelten Gebieten stehen Erntemaschinen im Einsatz, die das Zuckerrohr nach dem Schneiden sogleich in kleine Stücke zerlegen und in Container abfüllen, die bis 10 t Material fassen. Die Arbeitsweise mit Containern ist rationell. Es gibt keine Wartezeiten für die Transportfahrzeuge, da die gefüllten Container in der Fabrik gegen leere austauschbar sind.

Erträge. Die Erträge von Zuckerrohr sind von den klimatischen Verhältnissen, den kulturtechnischen Maßnahmen wie Bewässerung, Düngung u. a. sowie von der Vegetationszeit abhängig. Im Durchschnitt sind 40–80 t/ha und Jahr zu erwarten. Spitzenerträge erreichen 150 t/ha und Jahr.

Verwertung. Die Gewinnung des Zuckers aus Zuckerrohr ist äußerst aufwendig. Es sind sehr große Fabrikanlagen nötig, in denen Hunderte von Arbeitskräften beschäftigt sind. Eine Zuckermühle vermag täglich 10 000 t Material zu verarbeiten. Das sind etwa 7 t pro Minute.

Der Aufbereitungsprozeß gliedert sich in die Arbeitsgänge: Zerkleinerung, Pressen, Klären des Saftes, Abdampfen, Kristallisieren, Zentrifugieren und Raffinieren und ist vergleichbar mit demjenigen der Zuckerrübe.

3.4. Weitere Zuckerpflanzen

Nebst den zwei beschriebenen gibt es noch eine ganze Anzahl von weiteren Pflanzen, die Zucker speichern und für die Zuckergewinnung genutzt werden. Allerdings sind diese nur von lokaler Bedeutung und spielen in der Weltwirtschaft keine Rolle.

Der **Zuckerahorn** *(Acer saccharum)* produziert einen in Nordamerika sehr beliebten Zuckersaft. Der Baum mobilisiert im Frühjahr (März), um neue Blätter zu bilden, Zuckerreserven, die während des Winters im untersten Teil des Stammes eingelagert waren. Der Zuckerstrom bewegt sich im Holz von unten nach oben. Zur Gewinnung dieses Saftes bohrt man knapp über den Wurzeln ein Loch ins Holz, setzt ein Kunststoffrohr als Abfluß ein und fängt die Flüssigkeit (Gehalt 3 % Zucker) in Eimern auf. Der Saft wird täglich eingesammelt und über dem Feuer eingedickt.

Die Amerikaner schätzen den nußähnlichen Geschmack und verwenden Ahornsirup u. a. als Beigabe zu Pancakes zum Frühstück. Der Verbrauch in den USA beträgt jährlich rund 7,5 Mio. l Sirup.

In den tropischen Regionen gibt es einige **Palmen** (Zuckerpalme *Arenga saccharifera*, Palmyrapalme *Borassus flabellifer*, Kokospalme *Cocos nucifera*) die als Zuckerproduzenten nutzbar sind. Meist wird jedoch der Zuckersaft vergoren und zu alkoholischen Getränken weiterverarbeitet (Palmwein, Arrak u. a.).

Schließlich sei noch auf die aus Afrika stammende **Zuckerhirse** *(Sorghum bicolor)* hingewiesen, die in den USA und neuerdings auch in Brasilien angebaut wird. Der Zuckergehalt im Stengel beträgt 8–10 %. Interessant ist die Zuckerhirse vor allem als »Energiepflanze«: In Brasilien wird sie in Mischkultur mit Zuckerrohr angebaut, um den Zuckerertrag pro Fläche zwecks Treibstoffalkoholherstellung zu erhöhen.

4. Fett und Öl liefernde Pflanzen

4.1. Raps und Rübsen *Brassica napus oleifera/B. rapa oleifera*

Heimat. Raps und Rübsen stammen aus dem südwesteuropäischen Mittelmeerraum. Dort sind auch die vermutlichen Vorfahren verbreitet: Die Rübsen leiten sich aus dem Feldkohl *(Brassica campestris)* ab, während die Rapspflanze aus *B. campestris* und *B. oleracea* hervorgegangen ist. Die letzte Kreuzung ist über eine Artbastardierung mit anschließender Polyploidisierung verlaufen. Der Vorgang konnte nachträglich im Experiment künstlich nachvollzogen werden. Die wirtschaftliche Bedeutung der Rübsen ist gering, weshalb im folgenden nur der Raps behandelt wird.

Bedeutung. Raps ist die bedeutendste Ölpflanze der gemäßigten Zone. Die Weltproduktion an Rapsöl betrug 1978 2,93 Mio. t, davon erschienen 0,88 Mio. t im Handel.

Verbreitung. Raps gedeiht vor allem in Küstengebieten der gemäßigten Zone mit maritimem Klima gut und wird z. B. in Dänemark, Holland, Südschweden, Deutschland und Finnland angebaut. Dank Akklimatisationszüchtung gibt es auch Sorten, die mehr kontinentales Klima ertragen, und die in Kanada und in osteuropäischen Ländern angepflanzt werden können. Die wichtigsten Anbaugebiete sind jedoch in China und Indien zu finden.

Morphologie. Raps bildet tiefe Wurzeln und wächst mit aufrechtem, verzweigtem Stengel. Die Blätter sind stengelumfassend, die Blüten typische Kreuzblüten. Die Früchte heißen Schoten, bestehen aus zwei Fruchtblättern und haben eine Scheidewand. Die Samen messen ca. 2 mm im Durchmesser; sie sind rundlich und braunschwarz gefärbt. Eine 5–10 cm lange Schote enthält 10–30 Samen.

An den Blättern lassen sich Raps und Rübsen leicht unterscheiden: Die **Rapsblätter** sind blaugrün, unbehaart, der Blütenstand ist traubig, die Kelchblätter aufrecht. Die **Rübsenblätter** sind grasgrün, unterseits behaart, der Blütenstand doldig und die Kelchblätter waagrecht.

Anbau. Es gibt Winter- und Sommerformen. Die Herbstsaat für Winterraps kann nur in einem relativ beschränkten Zeitraum um den 25. August herum erfolgen. Vor dem Winter muß der Raps noch ins Stadium der Rosettenbildung – aber keinesfalls weiter – hineinwachsen. Im Frühjahr wächst und entwickelt sich der Raps sehr schnell und hat deshalb einen hohen Düngerbedarf. Das Unkraut wird heute zumeist mit chemischen Mitteln bekämpft. Bei der Anwendung von Insektiziden bei Schädlingsbefall ist Vorsicht geboten: Blühende Rapsfelder sind nämlich ausgezeichnete Bienenweiden. Es dürfen daher nur bienenverträgliche Mittel eingesetzt werden. Kurz vor der Ernte spritzt man die Pflanzen mit Reglonen und tötet sie ab, um das Trocknen der Samen zu vereinheitlichen.

Züchtung. Die Züchtungstechnik bei Raps ist einfach. So ist es z. B. gelungen, den hohen Gehalt an Erucasäure, einer unerwünschten Fettsäure des Samenöls, durch Linolsäure (Vitamin F) zu ersetzen. Die Waschmittelindustrie zieht allerdings Rapsöl mit einem hohen Gehalt an Erucasäure vor, da sie im Produkt eine schaumhemmende Wirkung hat.

Das Verfahren, das zu dieser erucasäure-freien Sorte geführt hat, verdient besondere Erwähnung: Durch Kreuzung gewonnenes Saatgut wird angekeimt. Nun entnimmt man den Sämlingen eines der zwei Keimblätter und untersucht dessen Gehalt an Fettsäuren im Gaschromatographen, der ja kleinste Meßproben analysieren kann. Alle Sämlinge mit einer unerwünschten Zusammensetzung von Fettsäuren lassen sich sogleich als ungeeignet entfernen. Diejenigen mit einem niedrigen Erucasäuregehalt pflanzt man aus. Sie wachsen mit den Nährstoffen des zweiten Keimblattes heran. Die Methode erlaubt es, eine sehr große Zahl von Samen in kurzer Zeit zu untersuchen.

Heutige Zuchtziele für Raps sind:
- Verbesserung und Steigerung des Ölgehaltes,
- Winterfestigkeit,
- Verbesserung der Platzfestigkeit der Schoten (um die Ausfallverluste klein zu halten),
- Spätsaatverträglichkeit, um mehr Freiheit für den Zeitpunkt der Aussaat zu erlangen,
- Krankheitsresistenz.

Ernte. Man wartet heute die Totreife ab und erntet mit Mähdreschanlagen. Eine Nachtrocknung ist notwendig, da die Samen erst lagerfähig sind bei einem Wassergehalt von 9%.

Erträge. Für Winterraps schwanken die Kornerträge zwischen 30–35 dt/ha (Spitzenwerte um 50 dt/ha), für Sommerraps zwischen

25 und 30 dt/ha, und für Rübsen zwischen 16 und 22 dt/ha. Aus 3000 kg Samen erhält man ca. 1200 kg Öl.

Verwertung. Nach dem Pressen oder Extrahieren und Raffinieren ergibt sich ein dickflüssiges Speiseöl. Rapsöl (auch Rüböl) wird an der Luft schnell ranzig. Um die Haltbarkeit zu verbessern, verarbeitet man es meist zu Fett. Die Pressrückstände ergeben ein gutes Viehfutter.

4.2. Die Kokospalme *Cocos nucifera*

Heimat. Die besonderen Eigenschaften dieser Pflanze haben es den Pflanzengeographen schwer gemacht, die Heimat der Kokospalme zu bestimmen, denn für diese Küstenbewohnerin bildet das Meer keine natürliche Schranke für die Verbreitung. Dank ihrer Fähigkeit, seewasserbeständige Samen zu bilden, die mit den Meeresströmungen über Tausende von Kilometern verbreitet werden, hat sie schon in vorgeschichtlicher Zeit tropische Strände in aller Welt besiedelt.

Verbreitung. Die Hauptanbaugebiete befinden sich beidseits des Äquators zum überwiegenden Teil innerhalb der Wendekreise. Asien produziert ca. 80% aller Kokosgüter. Die wichtigsten Anbauländer sind die Philippinen, Indonesien, Indien, Sri Lanka und Mexiko.

Bedeutung. Die Kokospalme liefert dem Menschen der Tropen Nahrung und Material für die Herstellung von Gegenständen des täglichen Lebens, den Bewohnern der Industrienationen Grundmaterial für die Ernährung und die Produktion von Wirtschaftsgütern. Man schätzt, daß über 400 Mio. Menschen von der Existenz dieser Pflanze profitieren. Darunter sind auch alle Kleinbauern zu zählen, die in ihrem Garten Kokosnüsse zur Deckung des persönlichen Bedarfs ernten. Diese Millionen so verbrauchter Früchte erscheinen in keiner Statistik.

Die Aufbereitungsindustrie produzierte im Jahre 1978 3,1 Mio. t Kokosöl. Davon wurden 1,4 Mio. t oder 46% exportiert. Die Kokospalme ist nicht nur Ölproduzent – sie genießt auch eine bedeutende Stellung als Faserpflanze.

Morphologie. Die Kokospalme paart Genügsamkeit mit hoher Spezialisierung; sie ist salztolerant und vermag daher Küstensäume und Korallenriffe zu besiedeln, die ihr von keiner anderen Pflanze streitig gemacht werden. An diesen Standorten ist sie den tropischen Stürmen völlig ausgesetzt.

Wurzeln: Das Wurzelsystem ist oberflächlich, weil der Grundwasserspiegel an den bevorzugten Palmenstandorten sehr hoch liegt. Jede Pflanze beansprucht ein Gebiet von rund 200 m^2, was einem Kreis mit etwa 8 m Radius entspricht.

Stamm: Er ist sehr biegsam, äußerst zäh und unverzweigt.

Blätter: Die Blätter sind derb, in Fiedern aufgeteilt und sehr biegsam. Dank dieser Bauweise vermag weder der starke tropische Regenfall noch die glühende Hitze am Mittag oder der Wirbelsturm den Pflanzen etwas anzuhaben. Insgesamt trägt eine Kokospalme 30 bis 40 Blätter. Alte Blätter trocknen aus und fallen ab, wobei sie am Stamm breite Narben hinterlassen, die den Erntearbeitern in gewissen Gegenden als Stufen dienen.

Blüte: Der Blütenstand ist ein verzweigter Kolben. An der Spitze jedes Seitenzweiges sitzen bis zu 200 männliche Blüten, das sind über 10 000 pro Kolben. Am Grund der Äste sind die kugeligen weiblichen Blüten angeordnet, insgesamt 30–40. Sie werden in der Regel von Bienen bestäubt. Binnen eines Jahres reifen 5–15 Früchte pro Blütenstand heran.

Anbau. Eine vegetative Vermehrung der Kokospalme wäre wünschenswert, ist aber bisher nicht gelungen. Man vermehrt daher immer noch über Kokosnüsse, obwohl diese Methode umständlich und zeitraubend ist. Vor dem Auspflanzen in die Felder nach 10–12 Monaten unterzieht man die Jungpflanzen einer strengen Selektion. Erst nach 5–7 Jahren werfen die Kulturen einen ersten Ertrag ab.

Züchtung. Ein sehr gutes Resultat früherer Züchtungsbemühungen stellen die Kurzstammformen (Zwergpalmen) dar: Sie sind sturmresistent und können einfach geerntet werden. Aber ihr Ertrag liegt niedriger als bei den hochwüchsigen Formen. Es wird wenig unternommen, die Kokospalme züchterisch zu verbessern. Das liegt einerseits daran, daß die Reproduktionsdauer der Palme mit 5–7 Jahren sehr langsam ist, andererseits daran, daß die Kokospalme schon vor der Nutzung durch den Menschen viele große Früchte von hoher Qualität erzeugte.

Ernte. In den verschiedenen Anbaugebieten kommen unterschiedliche Erntetechniken zur Anwendung. Auf Sri Lanka und den Philippinen erklettern die Arbeiter die Palmen und schlagen die reifen Früchte ab. Die Methode bietet den Vorteil, daß die Krone gleichzeitig von Schaderregern befreit werden kann, ist aber anstrengend und gefährlich. In Westsumatra, Kalimantan und Malaysia hält man Affen (Makaken), die – an langer Leine von ihrem Halter dirigiert – ernten. Die Tiere haben eine bemerkenswerte Fähigkeit, nur reife Früchte abzudrehen, erbringen aber selten eine höhere Leistung als 100 Kokosnüsse pro Tag. In Mexiko braucht man Stangen mit einem aufgesetzten sichelförmigen Messer, die aus 2–4 m langen Bambusrohren zusammengebaut werden. Die Länge dieser Stange läßt sich so jeder Palme anpassen. Es braucht sehr viel Geschick und Übung, eine 30 m lange Stange zu balancieren und das Messer zum Ernteschnitt zu führen. Gute Erntearbeiter schneiden jedoch auf diese Weise über 1500 Kokosnüsse pro Tag.

Bild 19 Das Fruchtfleisch wird aus den frisch geernteten Kokosnüssen gelöst. Nach der Trocknung nennt man dieses wichtige Produkt der Kokospalme »Kopra«. (Aufnahme in Mexiko.)

Erträge. Als Ertragsmaximum liefert die Kokospalme 80–100 Früchte pro Jahr. Die Durchschnittswerte liegen zwischen 40 und 60. Eine einzige Kokosnuß ergibt 200–300 g Kopra (getrocknetes Endosperm), ein durchschnittlicher Baum 8–18 kg. Bei einer Pflanzdichte von 100 Palmen pro ha ergibt dies einen jährlichen Ertrag von 800–1800 kg/ha.

Verwertung. Aus den gespaltenen Früchten schält man das Endosperm und legt es nachher zum Trocknen an die Sonne. Das Produkt heißt Kopra, fühlt sich ölig an und hat einen nußähnlichen Geschmack. Die Kopra wird in der Ölmühle zunächst vorgereinigt, in einem Shredder zerlegt und in Mühlen pulverisiert. In der nun folgenden Dampfextraktion werden mit 250° C heißem Wasserdampf unerwünschte Geruchsstoffe ausgewaschen. Schraubenpressen trennen anschließend das Öl ab. Es wird durch Flottieren vorgereinigt, passiert dann eine Kolonne von Leinenfiltern und wird in

Tanks aufgefangen. Kokosöl dient als Ausgangsmaterial für die Herstellung von Seifen, Speiseöl, Farben und kosmetischen Artikeln, Margarine, Kerzen und Kunstharzen.

Kokosfett läßt sich in harte Platten gießen, wird aber wegen seines niedrigen Schmelzpunktes von 23°–28° C leicht flüssig. Sein hoher Gehalt an gesättigten Fettsäuren macht es verhältnismäßig gut haltbar. Kokosfett ist ein beliebtes Koch-, Brat- und Backfett.

Einer der Hauptabnehmer für Kokosöl ist die Seifensiederei. Dort wird das Öl mit Natriumkarbonat vermischt und gekocht. Es können auch weitere Fette und Öle zugesetzt werden. Dann fügt man schrittweise Natronlauge zu, bis die Konsistenz der Masse wie Honig ist. Dieses zähflüssige Gut füllt man in Formen ab und erhält so Seife.

Die Bedeutung der Kokospalme als Faserpflanze wird im Kapitel »Faserpflanzen« besprochen.

4.3. Die Ölpalme *Elaeis guineensis*

Heimat. Die afrikanische Ölpalme hat ihr Mannigfaltigkeitszentrum im westafrikanischen Nigeria, Guinea und im Kongobecken. Sie wird in frühesten historischen Berichten, die wir über jene Gegend besitzen, bereits als von den Eingeborenen genutzte Pflanze beschrieben. Man nimmt an, daß die afrikanische Ölpalme auch in diesem Gebiet beheimatet ist.

Verbreitung. Die Ausbreitung des plantagenmäßigen Anbaus setzte erst zu Beginn des 20. Jahrhunderts ein. Dies ist darauf zurückzuführen, daß die Technologie der Ölgewinnung bis dahin fehlte und daß unsachgemäß gewonnenes Öl schnell verdirbt.

Heute sind Ölpalmenplantagen in vielen Ländern zwischen 15° NB und 10° SB zu finden. Zu den Staaten mit wesentlichen Anbaugebieten gehören Malaysia, Indonesien, die Länder am Golf von Guinea und Angola sowie in Zentral- und Südamerika diejenigen zwischen Honduras und Brasilien.

Bedeutung. Die Weltproduktion von Palmöl betrug 1977 3,3 Mio. t, davon erschienen 1,9 Mio. t oder 63% im Handel. Die Hauptexporteure für Palmöl, das aus dem Fruchtfleisch gewonnen wird, sind Malaysia und Indonesien. Kernöl, das wertvolle Öl aus den Samen, wird von Nigeria, Sierra Leone und Indonesien ausgeführt. Die Ölpalme gibt von allen Ölpflanzen den höchsten Ertrag pro Anbaufläche.

Morphologie. Die afrikanische Ölpalme ist in einigen Punkten der Kokospalme sehr ähnlich.

Wurzeln: Das Wurzelwerk ist oberflächlich und wächst bis 10 m vom Stamm weg.

Stamm: Er ist bis 1 m stark, 15–30 m hoch, unverzweigt und trägt die

Bild 20 Eine Ölpalme entwickelt mit jedem Blatt einen bis 30 kg schweren Fruchtstand.

Blattstümpfe der bei der Ernte abgeschnittenen Blätter. Auf diesen waagrecht abstehenden Blattschäften siedeln sich häufig Epiphyten an, die der Ölpalme schaden, weil sie Schädlinge anziehen. Die Unkrautbekämpfung erstreckt sich in diesen Plantagen also auch auf die Stämme.

Blätter: Sie sind 7 m lang und 1–2 m breit und schwer. Abfallende Blätter verletzen zuweilen unvorsichtige Arbeiter erheblich.

Blüten und Früchte: Die Blütenstände sind eingeschlechtige, große Kolben mit mehreren tausend Blüten. Im Wechsel entsteht ein männlicher Kolben nach 4–5 weiblichen. Die Früchte reifen in 5–9 Monaten, haben etwa die Größe und Form von Datteln, sind aber leuchtend karminrot oder schwarz gefärbt. Ein Fruchtstand vereinigt über tausend Früchte. Im Innern des ölhaltigen Fleisches befindet sich in einer Steinschale der Same, der ebenfalls Öl enthält, allerdings in einer anderen Zusammensetzung.

Anbau. Die afrikanische Ölpalme gedeiht im Klima der tropischen Küstenniederungen, wo es feucht und heiß ist, am besten. Sie braucht tiefgründige Böden mit saurem pH. Man pflanzt 130–145 Palmen pro ha.

Die Ölpalme braucht viele Nährstoffe, die in Form von Dünger zugeführt werden müssen. Oft verwendet man Gründüngung mit verschiedenen Leguminosen und anderen Stickstoffbindern. Die Unkrautbekämpfung wird immer mehr mit Herbiziden durchgeführt.

Züchtung. Die Pflanzer verdanken den Genetikern bereits heute eine Ertragssteigerung von ca. 30 dt/ha. Das erreichbare Maximum ist vermutlich noch nicht verwirklicht.

Die heutigen züchterischen Bemühungen konzentrieren sich auf ein verlangsamtes Höhenwachstum, eine bessere Erschließbarkeit der Samen und auf Krankheitsresistenz.

Ernte. Die Ernte zieht sich über das ganze Jahr hin, denn die Palme wächst ohne Ruheperiode und bildet laufend Früchte. In den meisten Anbaugebieten erklettert der Pflücker die Palmen, trennt mit dem Haumesser das älteste Blatt ab und legt so den Fruchtstand frei. Dann schneidet er auch diesen ab und läßt ihn auf ein am Boden ausgebreitetes Tuch fallen. In jungen Beständen erfolgt die Ernte auch mit spachtelartigen Messern auf langen Stangen vom Boden aus.

Erträge. Heute darf man mit 30–300 dt Fruchtständen pro ha rechnen, was 5,4–54 dt (18 %) Palmöl und 0,8–8 dt Palmkernöl entspricht.

Verwertung. In den modernen Ölfabriken füllen die vom Feld kommenden Transportsysteme ihre Last direkt in kleine Eisenbahnwaggons um, die perforierte Wände haben. Die Waggons werden in lange, tunnelartige Autoklaven gestoßen, und ihr Inhalt wird mit Wasserdampf unter Druck während etwa 20 Min. sterilisiert. Als nächstes trennt man das Fruchtfleisch von den Samen und preßt das Öl ab. Zur Gewinnung von Palmkernöl muß die sehr harte Schale der gereinigten und getrockneten Samen in Mühlen aufgebrochen werden. Hierauf preßt man die Samen. Das erhaltene Palmkernöl wird durch Einblasen von Luft oder mit Chemikalien gebleicht.

Aus Palmöl, dem Fruchtfleischfett (rotfarben mit einem hohen Gehalt an Carotin), stellt man Seifen, Shampoo, Kosmetika, Speiseöl, Margarine oder Kerzen her. Das Palmkernöl, aus den Samen gewonnen, ergibt dieselben Produkte wie das Kokosöl.

4.4. Die Erdnuß *Arachis hypogaea*

Heimat. Die Erdnuß stammt aus Südamerika. Im Raum Brasilien–Argentinien–Bolivien sind mehrere Wildformen heimisch. Schon seit Tausenden von Jahren ist die Erdnuß bei den dortigen Eingeborenen bekannt.

Verbreitung. Erdnußkulturen sind im ganzen Tropengürtel verbreitet. Das Anbaugebiet erstreckt sich bis auf 45° NB und 40° SB. Auch in der Mittelmeerregion gedeiht die Pflanze, hat dort aber eine stark verlängerte Vegetationsperiode von ca. 7 Monaten.

Bedeutung. Der größte Produzent für Erdnüsse ist Indien (6,2 Mio. t) gefolgt von China (2,7 Mio. t), USA (1,8 Mio. t), Senegal (1,1 Mio. t) und Sudan (1,0 Mio. t). Die Weltproduktion erreicht 18 Mio. t ungeschälte Früchte. Davon erscheinen rund 12 Mio. t im Handel.

Morphologie. Die Pflanze ist ein einjähriges, buschiges Kraut, das 30 bis 60 cm hoch wird. Eine einzige Pflanze bildet 200–500 gelbe Schmetterlingsblüten, von welchen aber nur einige Dutzend zu Früchten auswachsen können. Nach der Befruchtung wächst der Fruchtknoten gegen den Boden und bohrt sich samt den Samenanlagen durch die Erdoberfläche. In 6 bis 10 cm Tiefe entsteht die Frucht. Furchtträger, die den Boden nicht erreichen, z. B. weil die Blüte weit oben am Stengel sitzt, verkümmern.

Anbau. Erdnußkulturen können nur in sehr lockeren Böden gedeihen. Man sät von Hand oder maschinell. Schon nach 6 Tagen erscheinen die Jungpflanzen an der Oberfläche. Bei einer Tagestemperatur von 30° C wachsen sie schnell. Die Blütenbildung erstreckt sich über mehrere Wochen, was zu einer uneinheitlichen Reifung der Früchte führt. In den Tropen kann nach 3–4 Monaten geerntet werden.

Züchtung. Zuchtziele sind größere Einzelfrüchte, krankheitsresistente Formen und kälteresistente Rassen, die auch in kühleren Regionen angebaut werden können.

Ernte. Spätestens wenn die ersten Früchte zu keimen beginnen, wird unverzüglich mit den Erntearbeiten begonnen, auch wenn noch ein guter Teil der Früchte unausgereift ist. Zuerst muß die Pfahlwurzel durchgetrennt und dann die ganze Pflanze aus dem Boden gehoben werden. In der Folge läßt man die Früchte trocknen und sammelt sie ein.

Heute verwendet man vermehrt Rodemaschinen, die mit einem unterirdisch gezogenen Messer die Pfahlwurzeln schneiden, die Pflanzen auf einem Schüttelgerät säubern, wenden und umgekehrt auf dem Boden ablegen, um den Trocknungsvorgang zu beschleunigen. Später nimmt man die getrockneten Stauden mit Dreschmaschinen auf, die die Früchte in Säcke abfüllen und das Heu auf das Feld zurückgeben.

Bild 21 Die Erdnußpflanze bildet aus der befruchteten Blüte ein sogenanntes Gynophor, das den Fruchtknoten in die Erde bohrt. Der Fruchtknoten kann nur unterirdisch zur Frucht auswachsen. a Pflanze, b Gynophor und Blüte, c Früchte, d Feld.

Erträge. Gut gepflegte Kulturen ergeben einen Ertrag von 40–60 dt/ha. Der Weltdurchschnittsertrag liegt bei 9 dt/ha.

Verwertung. Zur Aufbereitung gehört zunächst das **Schälen**. Die Früchte durchlaufen Stahlwalzen, die die Hülsen aufbrechen, und Gummiwalzen, welche die Samenhäute abtrennen. In der Schraubenpresse gewinnt man das goldgelbe **Erdnußöl**, das zu Speiseöl, Erdnußfett oder Margarine weiterverarbeitet wird. Die Früchte sind auch für den Frischverzehr geeignet, ergeben gekocht ein Gemüse und schmecken auch geröstet gut. Besonders beliebt sind die gesalzenen Erdnüsse.

Tabelle 7. Fett- und Eiweißgehalte einiger Nußarten in Prozenten des eßbaren, lufttrockenen Anteils [aus Handbuch der Lebensmittelchemie Bd. V/2 (1968)]

Schalenobstart	Eiweiß	Fett
Walnüsse	13–23	56–68
Haselnüsse	11–18	61–73
Paranüsse	9–17	63–68
Mandeln, süße	18–27	51–67
Edelkastanien	5–11	2–7
Erdnüsse	26–34	39–52
Cashewnüsse	12–20	44–47
Pistazien	20–22	53–54
Kokosfleisch, getrocknet	8–9	60–67

4.5. Die Soja *Glycine max*

Heimat. Die Soja stammt aus Ostasien und wurde bereits um 800 v. Chr. in China angebaut.

Verbreitung. Der Anbau dieser Pflanze beschränkte sich während Jahrtausenden auf China, Japan, Korea und Indien, erlebte aber im 20. Jh. einen unglaublichen Aufschwung. Die Soja hat sich nun in weiteren asiatischen Ländern, in Nordamerika (USA, Kanada und Mexiko), Südamerika (Brasilien und Argentinien) und Europa (hauptsächlich in Rumänien und Jugoslawien) festgesetzt.

Bedeutung. In den vergangenen Jahrzehnten hat der Anbau von Soja ständig zugenommen. Dieser große Aufschwung läßt sich mit der Vielseitigkeit der Soja erklären. Sie liefert Nahrung für Mensch und Tier. Ihre Samen enthalten Öl, das technisch genutzt werden kann. Das Eiweiß ist so hochwertig wie dasjenige von Fleisch.

Die Beliebtheit der Soja läßt sich mit Zahlen belegen: Die Farmer der USA produzierten 1978 50 Mio. t, Brasilien und China erzeugten 8–10 Mio. t, Argentinien 2,7 Mio. t. Die Einfuhrländer im selben Jahr waren europäische Staaten, die 11 Mio. t allein aus den USA bezogen und asiatische Staaten mit 4,5 Mio. t (davon Japan 3,6 Mio. t).

Morphologie. Soja ist eine buschige Pflanze, die zwischen 50 und 80 cm hoch wird. Eine meterlange **Pfahlwurzel** erschließt den Boden. Die Seitenwurzeln beherbergen Knöllchenbakterien, die Luftstickstoff binden. Die **Blätter** sind dreiteilig und dicht behaart. Die winzigen weißen **Blüten** bilden zu 2 bis 6 eine lockere Traube. Die **Früchte**, 3–5 cm lange behaarte Hülsen, enthalten 2–5 gelbe, braune oder schwarze Samen.

Anbau. Während in Asien viele Arbeiten noch manuell durchgeführt werden, benutzen die Landwirte in den übrigen Gegenden vermehrt, manchmal sogar ausschließlich, Maschinen und Chemikalien. Folgende Maßnahmen sind notwendig:

- Pflügen und Eggen,
- Säen mit der Drillmaschine, ca. 2–4 cm tief,
- Unkrautbekämpfung mechanisch oder chemisch, da sich die Soja nur langsam entwickelt,
- Düngung, wobei wegen der Knöllchenbakterien weitgehend auf Stickstoffdünger verzichtet werden kann.

Züchtung. Seit 1870 bemühen sich europäische Versuchsstationen, die Soja an unsere Verhältnisse anzupassen. Während nahezu eines Jahrhunderts scheiterten alle Anstrengungen an der Tatsache, daß die Soja als **Kurztagspflanze** mit hohen Wärmeansprüchen während der Keimung unter europäischen Klimabedingungen gar keine Blüten bilden **kann**. Denn unter den bei uns vorherrschenden **Kurztagsbedingungen** (bis 14 Stunden Tag) im Frühjahr ist der Boden noch zu kalt. Sät man später aus, wächst die Pflanze in die **Langtagsbedingungen** hinein. Nun ist es den Pflanzenzüchtern gelungen, diese Eigenschaft der Soja zu verändern: Es gibt auch Sorten, die in Europa fruchten.

Ernte. In Asien wird noch immer sehr häufig von Hand geerntet.

Bild 22 Die Bedeutung der Soja als öl- und eiweißliefernde Pflanze ist stetig im Steigen begriffen.

In Großkulturen der USA fahren heute die auf Sojaernte angepaßten Mähdreschanlagen mit Geschwindigkeiten von 10–30 km/h über die Felder.

Erträge. Die Erträge sind abhängig von den Kulturbedingungen und schwanken weltweit zwischen 10 und 20 dt/ha. In den USA wurden auch schon Erträge von über 35 dt/ha erzielt. In Deutschland liegen die Werte zwischen 18 und 36 dt/ha.

Verwertung. Zur Gewinnung von Sojaöl werden die Samen gepreßt (für die menschliche Ernährung) oder mit Benzin extrahiert (für technisches Öl). Die Pressrückstände aus der Mühle ergeben Viehfutter, die Abfälle aus der Extraktion Dünger. Soja-Lezithin findet Abnahme in der Pharmazie sowie in der Kosmetik-, Farben- und Textilindustrie.

Zur Erschließung der Soja als Quelle für die menschliche Ernährung keimt man zum Beispiel die Samen an und verwendet die Keimlinge als Gemüse oder Suppeneinlage. Sojakeimlinge werden auch als Konserven gehandelt. Es gibt auch Rezepte zur Herstellung von Sojamilch, -käse oder -quark. Ein weiterer Industriezweig befaßt sich mit der Vergärung von Soja zu Saucen, die sich in Asien sehr großer Beliebtheit erfreuen.

Die Bemühungen, Sojaeiweiß zu »Fleisch« zu verarbeiten, sind bisher leider wenig erfolgreich verlaufen. Die Versuche sollten dazu dienen, das Eiweißdefizit der Menschheit zu lindern, da Sojaeiweiß essentielle Aminosäuren enthält und deshalb sehr wertvoll ist. Das Vorhaben scheiterte am unbefriedigenden Geschmack des Produktes sowie an den Kosten, die die Produktion dieses Ersatzfleisches aus Pflanzeneiweiß verursachte.

4.6. Der Ölbaum *Olea europaea*

Heimat. Der Ölbaum ist vermutlich im östlichen Mittelmeergebiet beheimatet. Schon vor 5000 Jahren wurde der Ölbaum in jener Region angebaut.

Verbreitung. Das Hauptanbaugebiet liegt in den Ländern rund um das Mittelmeer. Außerdem gibt es Kulturen in den USA (Kalifornien), Mexiko, Südafrika und Australien.

Bedeutung. Mit 1,4 Mio. t Ölproduktion gehört der Ölbaum noch zu den bedeutenden Ölpflanzen. Die Hauptproduzenten sind Spanien und Italien mit je 0,4 Mio. t Öl. Ebenfalls wichtige Produzenten sind die Türkei und Griechenland mit 0,1 Mio. t.

Morphologie. Der Ölbaum kann mehrere hundert Jahre alt werden. Sich selbst überlassen wächst er zu einem stattlichen, 20–25 m hohen Baum aus. In den Anbaugebieten schneidet man ihn jedoch zurück, um die Erntearbeiten zu erleichtern. Die **Wurzeln** sind tiefgründig und ermöglichen dem Ölbaum das Leben an trockenen Standorten. Der **Stamm** besteht aus sehr hartem Holz. Die **Früchte**, die Oliven, brauchen eine Reifungszeit von 4–7 Monaten.

Anbau. Eine Vermehrung über Samen führt zu sehr ungleichem Pflanzenmaterial und wird deshalb vermieden. Es ist üblich, die Sämlinge zu pfropfen. Seltener wird auch okuliert. Zur Vermehrung werden häufig die Schößlinge der Stammbasis herangezogen. Die Ölbäume verlangen außer dem Kulturschnitt wenig Pflegemaßnahmen, lassen sich aber unter optimalen Bedingungen (Düngung) zu zehnfacher Ertragssteigerung anregen.

Bild 23 Ausgedehnte Ölbaumplantagen befinden sich in den Mittelmeerstaaten, neuerdings aber auch in Nord- und Südamerika.

Züchtung. Die Speise-Oliven sind infolge ihres Säuregehaltes bitter; Früchte ohne Bitterstoffe wären deshalb ein großer Züchtungserfolg. Ferner züchtet man auf ertragreichere Sorten sowie auf Fruchtfarben und -formen, die dem Verbraucher besser zusagen.

Ernte. Die Ernte unterscheidet sich je nach Verwendungszweck der Früchte. Speiseoliven pflückt man sorgfältiger als die für die Ölgewinnung bestimmten Früchte. Erstere müssen von Hand gepflückt werden, letztere schlägt man mit Stangen herunter oder schüttelt sie – teilweise bereits mit Schüttelmaschinen – von den Bäumen. In jedem Fall müssen Oliven unverzüglich der weiteren Verarbeitung zugeführt werden, weil sie rasch verderben.

Erträge. Der Ölbaum bringt nur alle 2 Jahre den vollen Ertrag. Für Speiseoliven rechnet man in den ertragreichen Jahren mit 125 dt/ha, für die Ölproduktion mit durchschnittlich 10–20 kg pro Baum.

Verwertung. Die Speiseoliven haben einen Ölgehalt von 14–40 %. Sie müssen zuerst in Alkalilösung eingelegt werden, um die bittere Säure zu neutralisieren. Der größere Teil der Ernte wird den Ölmühlen zugeführt. Die erste, kalte Pressung liefert das qualitativ hochwertige sogenannte Jungfernöl. Anschließend wird die Masse unter Zusatz von heißem Wasser gepreßt, wobei Öl von zweiter Qualität gewonnen wird. Die letzten Reste Öl lassen sich nur mittels chemischer Extraktion herausholen.

Die erste Qualität findet hauptsächlich als Speiseöl Verwendung. Die anderen Qualitäten dienen zur Herstellung von Seife und kosmetischen Artikeln.

4.7. Die Sonnenblume *Helianthus annuus*

Heimat. Die Sonnenblume stammt aus dem Gebiet des heutigen Südens der USA und des angrenzenden Teils von Mexiko. Sie wurde von den einheimischen Indianern genutzt, aber nicht angebaut.

Verbreitung. Das Anbauzentrum liegt heute im südlichen Teil der UdSSR. Man kann die Sonnenblume aber auch in Argentinien, ferner in Ungarn, Bulgarien, Jugoslawien, in den mittelamerikanischen Staaten und in Südafrika als Kulturpflanze finden.

Bedeutung. Größere Bedeutung hat der Sonnenblumenanbau nur für die UdSSR, wo 7 Mio. t produziert werden. Argentinien folgt mit 1 Mio. t schon weit zurück. Die Weltproduktion erreicht 10 Mio. t. Die Sonnenblume gewinnt auch als Futterpflanze zunehmend an Bedeutung.

Morphologie. Wildformen der Sonnenblume sind hoch und bilden mehrere Blütenkörbe. Die Kulturpflanzenformen sind hingegen kleinwüchsig und haben nur einen einzigen großen Blütenkorb, der 30 bis 40 cm Durchmesser erreicht und um 2000 Einzelblüten enthält.

Anbau. Die Sonnenblume ist anspruchslos, braucht aber viel Wärme. Sie gedeiht im kontinentalen Klima am besten. Dank der schnellen Jugendentwicklung braucht sie unter günstigen Bedingungen nur 75–85 Tage bis zur Reife.

Züchtung. Es ist den züchterischen Bemühungen zu verdanken, daß der Ölgehalt der Samen heute 60 % erreicht hat; der Eiweißgehalt schwankt zwischen 25 % und 29 %.

Ernte und Erträge. Für die Ernte verwendet man Mähdreschanlagen, die, ähnlich wie beim Mais, die Samen aus den abgeschnittenen Körben schlagen. Kleine Bestände werden von Hand beerntet.

Die Erträge liegen zwischen 15 und 20 dt/ha und können unter günstigen Bedingungen 40 dt/ha erreichen.

Verwertung. Die Samen werden geschält und gepreßt, um das wertvolle Salat- und Speiseöl zu gewinnen, das Lezithin und Vitamin B_1 enthält. Der Preßkuchen wird als gutes Tierfutter geschätzt.

4.8. Der Lein *Linum usitatissimum*

Lein, auch als Flachs bekannt, ist eine der ältesten Kulturpflanzen und wird schon seit 6000–8000 Jahren angebaut. Er stammt wahrscheinlich aus dem westasiatischen Raum. Heute kennt man Anbaugebiete in Argentinien, Indien, der UdSSR und den USA. Lein liefert entweder Öl oder Fasern. Die Weltproduktion an Öl schwankte in den Jahren 1976–78 zwischen 0,7 und 0,95 Mio. t. Das einjährige Kraut des Öllein wird ca. 1 m hoch und bildet kleine, blaue Blüten. Die Früchte sind Kapseln und enthalten um 10 Samen. Im Anbau gilt Lein als anspruchslos. Die Vegetationsdauer beträgt 100–120 Tage. Der Ölgehalt der Samen liegt zwischen 44 % und 46 %. Das Leinöl hat einen charakteristischen Geruch. Es härtet unter Einwirkung von Luft und findet deshalb in der Farbindustrie Verwendung.

4.9. Weitere Ölpflanzen

Der Rohstoff Öl läßt sich noch aus einer ganzen Reihe von weiteren Pflanzen gewinnen. Diese sind meist nur lokal von Bedeutung und spielen in der Weltwirtschaft eine untergeordnete Rolle:

Der in Afrika und in der arabischen Welt verbreitete **Sesam** *(Sesamum indicum)* liefert ein hellgelbes, halbtrocknendes und gut haltbares Öl. Die **Rizinuspflanze** *(Ricinus communis)* produziert ein Öl, das vor allem in der Industrie Verwendung findet.

Das **Baumwollsamenöl** wird aus den kleinen Samen der Baumwollpflanze *(Gossypium ssp.)* ausgepreßt. Die Samenhaare, die zuvor abgetrennt werden, ergeben die Baumwolle. Die Baumwollpflanze liefert also einen zweifachen Ertrag.

Der **Mohn** *(Papaver somniferum)* ist eine geschätzte Ölpflanze. Nachteilig wirkt sich jedoch das langsame Wachstum aus; auch führt die Winzigkeit der Samen zu Ernteverlusten. Mohn wird in Spanien, in der DDR, Polen und Ungarn angebaut.

Senf *(Sinapis alba)* und **Ölkürbis** *(Cucurbita pepo)* gelten ebenfalls als Ölpflanzen. Schließlich gewinnt man qualitativ gute Öle aus Nüssen und aus Keimlingen (z. B. Maiskeimöl, Weizenkeimöl).

5. Obstpflanzen

Zum Obst zählt man in der Regel die Früchte mehrjährig angebauter Holzpflanzen und Stauden. Unter den Obstpflanzen gibt es einige, die im Nährwert den Getreiden und Knollenpflanzen kaum nachstehen und auch wirtschaftlich wichtig sind. Das weltweit wichtigste Obst ist die Banane, aber auch Mango, Datteln oder Äpfel sind als Nährstofflieferanten bedeutend. Obst kann jedoch die Grundnahrungsmittel Getreide oder Knollenfrüchte niemals ersetzen, weil die Haltbarkeit der Früchte in nicht konserviertem Zustand sehr beschränkt ist, und die Konservierungsmethoden entweder aufwendig und teuer sind (Büchsenabfüllung) oder den Geschmack und die Eigenschaften stark verändern (z. B. getrocknete Feigen, Bananen). Ferner lassen sich die Produktionsmethoden für Obst nur teilweise so rationalisieren, daß das Produkt ähnlich erschwinglich wird wie die Grundnahrungsmittel.

Während einige der Obstarten ausschließlich in den tropischen Regionen kultiviert, aber in den meisten Ländern der Welt konsumiert werden (z. B. Banane), haben andere nur eine regionale Bedeutung (z. B. Apfel). Zu den für die Ernährung des Menschen wichtigen, stärkehaltigen Obstsorten können gezählt werden: Banane, Dattel, Feige, Mango, Brotfrucht, Avocado, Kastanie, Apfel und Birne. Darüber hinaus gibt es aber noch über 200 weitere Obstarten, die zur Hauptsache wegen ihres erfrischenden oder aromatischen Geschmacks gegessen werden.

Das Obst enthält außer appetitanregenden Aromastoffen auch Vitamine, Mineralstoffe und organische Säuren, die zusammen mit den unverdaulichen Ballaststoffen die Darmtätigkeit fördern. Der Gehalt an Stärke, Eiweiß und Fett ist sehr unterschiedlich (vgl. Tabelle 8). Die meisten Obstarten sind sehr empfindlich; deshalb muß bei Ernte, Lagerung und Versand jede Beschädigung vermieden werden.

5.1. Die Banane *Musa paradisiaca/M. sapientum*

Die Bananenpflanze kommt aus dem indisch-malaiischen Raum. Dort findet man die *M. acuminata* und *M. balbisiana*, aus denen sich die Kulturbananen entwickelt haben, noch immer als Wildarten. Die Ausbreitung dieser Kulturpflanze in alle tropischen Regionen der Welt erfolgte offenbar bereits vor Jahrtausenden.

Tabelle 8. Zusammensetzung des eßbaren Anteils von Früchten [nach Handbuch der Lebensmittelchemie, Bd. V/2 (1968) und SOUCI-FACHMANN-KRAUT Nährwerttabellen (1962)]

	Wasser %	Gesamtzucker %	Stickstoffverbindungen %	Mineralstoffe %
Kern- und Steinobst				
Äpfel	78–93	3–15	0,1–0,4	0,2–0,5
Birnen	78–88	6–14	0,4–0,7	0,2–0,4
Quitten	82–85	6–10	0,3–0,6	0,3–0,6
Kirschen, süß	78–86	10–17	0,5–1,2	0,3–0,6
Kirschen, sauer	78–88	7–15	0,8–1,1	0,3–0,6
Pflaumen	76–92	3–15	0,5–1,0	0,3–0,7
Aprikosen	78–93	3–16	0,8–1,1	0,4–1,0
Pfirsiche	80–89	6–16	0,5–1,0	0,3–0,6
Beerenobst				
Erdbeeren	79–93	3–10	0,6–1,0	0,2–0,8
Johannisbeeren, rot	79–88	2–10	1,0–1,4	0,4–0,8
Johannisbeeren, schwarz	75–86	2–14	0,7–1,3	0,5–0,9
Himbeeren	75–91	2–13	1,0–1,4	0,3–0,6
Brombeeren	77–88	2–12	0,9–1,3	0,2–0,6
Stachelbeeren	85–92	2–10	0,5–1,0	0,3–0,6
Heidelbeeren	79–90	2–15	0,4–1,1	0,1–0,7
Weintrauben	76–88	9–20	0,5–1,3	0,3–0,7
Preiselbeeren	83–89	8,7	0,1–0,4	0,3
Sanddornbeeren	82,5	3,5	1,2	0,5
Südfrüchte				
Zitronen	89–91	0,9–9,0	0,3–1,0	0,5–0,6
Orangen	84–87	4,0–12,0	0,5–1,5	0,4–0,6
Mandarinen	86–87	6,9–11,4	0,5–0,8	0,4–0,7
Grapefruits	86–91	3,0–12,0	0,5–0,8	0,4
Bananen	69–79	11–22	0,8–2,2	0,7–1,2
Ananas	75–89	8–18	0,4–0,5	0,2–0,5
Dattelpflaumen	78–85	14–20	0,5–0,8	0,4–0,7

Die Produktion von Bananen für einheimische Märkte wird weltweit auf über 30 Mio. t geschätzt. Die im Handel erscheinende Obstbanane trägt zusätzlich über 10 Mio. t zur Bananenwelternte bei.

Die **Mehlbananen** (auch Kochbananen) werden hauptsächlich in den asiatischen und zentralamerikanischen Ländern gekocht, geröstet oder gebraten. Sie bilden oft einen festen Bestandteil der täglichen Mahlzeiten. Es gibt kleinfrüchtige (Dominico, Negrito) und großfrüchtige Sorten (Harton). Kochbananen enthalten 18% Stärke und bis 16% Zucker, aber nur wenig Protein.

Die **Obstbanane** wird von den Erzeugerländern meist für den Export produziert. Im Zeitraum zwischen 1950 und 1970 hat sich in den Verbraucherländern der Verzehr von Obstbananen mehr als verdoppelt. Dank verbesserter Agrartechnologie und leistungsfähigerer Transportsysteme konnte die schnell steigende Nachfrage der Märkte in Europa, Amerika und Asien befriedigt werden.

Die **Bananenpflanze** bringt durchschnittlich jede Woche ein Blatt hervor, das aus einer Blattscheide und einer Blattspreite besteht. Die Gesamtheit der Blattscheiden bildet einen 2,5–3,5 m hohen, unverholzten Scheinstamm. Weil der Stamm schwach und das Wurzelwerk oberflächlich ist, kann die Pflanze einem Sturm nicht standhalten: Durch einen tropischen Wirbelsturm (Hurrican, Taifun) können ganze Bananenplantagen vernichtet werden. Nach 6–7 Monaten entwickelt sich der einzige Blütenstand, eine Ähre, die aus der Spitze des Scheinstammes herauswächst. Unter dunkelroten Hüllblättern (Brakteen) bilden sich Doppelreihen von hellgelben Blüten. In 1–2 Monaten wächst der Fruchtstand heran. Bananen sind Beeren. Die schwarzen Punkte im Fruchtfleisch sind verkümmerte Samen. Produktion und Handel von Bananen sind heute in hohem Maße perfektioniert und beeindruckend gut organisiert.

Das zur **Vermehrung** geeignete Pflanzmaterial besteht aus Schößlingen, die aus den Rhizomen der abgeernteten und gefällten Mutterpflanzen herauswachsen. Zur **Erhaltung** des Pflanzenbestandes werden nur die kräftigeren Schößlinge weiter gezogen, weil sie einen besseren Ertrag liefern. Soll die Plantage hingegen **erweitert** werden, kann man auch die schwächeren Schößlinge oder Teile des Rhizoms als Pflanzmaterial verwenden.

Die **Bananenzüchtung** ist schwierig, weil der Pollen nahezu steril ist und deshalb die meisten Kreuzungsversuche erfolglos verlaufen. Ferner sind die Variationsmöglichkeiten sehr eingeschränkt, weil nur wenige Wildtypen zur Verfügung stehen.

Die Kulturbananen sind triploid und aus *M. acuminata* (AA) und *M. balbisiana* (BB) hervorgegangen. Die Kreuzungsbastarde AAA (Gros Michel) erzeugen das qualitativ höchststehende Material, das die Märkte der Obstbananen zu über 60% beherrscht.

Bild 24 Eine Bananenstaude erreicht ihre volle Höhe innerhalb von neun Monaten und bringt nur einen einzigen, aber sehr schweren Fruchtstand hervor.

AAB liefert Kochbananen mit über 30 % Stärkegehalt. ABB ist selten.

Die **Ernte** verläuft in den Bananenplantagen nach besonderen Prinzipien. Man läßt die Bananen in den Plantagen nicht ausreifen. Sobald die zuletzt entstandenen Früchte die erforderliche Größe erreicht haben, wird der gesamte Fruchtstand geerntet. Ein Ernteteam besteht aus zwei Arbeitern. Der eine schneidet den Scheinstamm der Pflanze an und knickt ihn; der andere faßt den Fruchtstand und zieht ihn behutsam auf ein Kissen aus einem aufgeblasenen Autoschlauch, das er auf der Schulter trägt. So werden Verletzungen der Früchte vermieden. Den geernteten Fruchtstand bringt man per Drahtseilbahn in die Verpackungsanlage.

Dort trennt man die »Bananenhände« vom Stamm und wäscht sie. Dann kommen die Hände in ein Chlorbad, welches alle Fungizidrückstände abbaut. Nach einem weiteren Waschgang werden sie gewogen und in mit Plastikfolien ausgeschlagene Kartonschachteln verpackt. Die Bananen müssen nun unverzüglich zum Schiff gebracht werden, sonst reifen sie unkontrolliert. Auf dem Schiff kühlt man die Früchte in Kühlräumen auf 12° C. Der Reifeprozeß wird dadurch unterbunden. Nach dem Transport in die Verbraucherstaaten bringt man das Erntegut in Reifehäuser mit äthylenhaltiger Luft und reift bei Zimmertemperatur nach.

5.2. Die Avocado *Persca americana*

Diese wohlschmeckende Frucht war bereits den Azteken bekannt. Die ältesten Funde stammen aus der Zeit um 6000 v. Chr. Avocados werden zur Zeit noch nicht im großen Stil produziert und gehandelt. Zweifellos wird dieses Obst in nächster Zukunft an Bedeutung gewinnen. Produktions- und Verbrauchsziffern sind im Steigen begriffen.

Die Avocado nimmt unter den Südfrüchten eine besondere Stellung ein; denn sie weist eine außerordentlich ausgewogene Mischung von Nährstoffen auf. Sie enthält Eiweiß, Kohlenhydrate, Fett, Calzium, Phosphat, Eisen und die Vitamine A und C.

5.3. Die Dattelpalme *Phoenix dactylifera*

Die Dattelpalme ist im arabischen Kulturraum eine wichtige und sehr alte Kulturpflanze. Ihr ursprüngliches Verbreitungsgebiet liegt zwischen Nordafrika und Indien, wo sie schon seit über 3000 Jahren genutzt wird. Diese Pflanze gehört zu den wenigen Kulturpflanzen, die sich an die extremen klimatischen Bedingungen der Wüste angepaßt haben. Sie liefert für die Menschen dieser Regionen ein Grundnahrungsmittel.

Während einer der größten Dattelproduzenten, Ägypten, für den Eigenverbrauch produziert, exportieren Algerien, Marokko, Tunesien, Iran sowie der Irak einen Teil ihrer Ernte. Auch in den USA, Spanien und Argentinien gibt es Dattelpalmenhaine. Alle Anbaugebiete produzieren zusammengerechnet 1,7 Mio. t.

Eine Dattelpalme verlangt Pflege, wenn sie eine gute Produktion bringen soll. Dazu gehören das Entfernen der abgestorbenen Blätter und der Schößlinge, das Bestäuben der weiblichen Blüten (meist indem männliche Blütenstände in die weiblichen Palmen gehängt werden, manchmal aber

Bild 25 Die Avocado ist eine birnenförmige, schmackhafte Frucht, die auf hohen Bäumen wächst.

auch mit Pollenpumpen und Pollenstäubersystemen), das Ausdünnen der schlechten weiblichen Blütenstände und die Ernte zum richtigen Zeitpunkt, da die Qualität der Früchte bis zur Reife zu-, nachher wieder abnimmt.

Alle Arbeiten sind bei den rund 30 m hohen Palmen nicht einfach zu bewältigen. Angesichts des hohen Ertrages von über 100 kg pro Palme und Jahr lohnen sich allerdings die Aufwendungen.

Die getrockneten Datteln haben eine ausgezeichnete Zusammensetzung von verschiedenen Nährstoffen. Nebst einem verhältnismäßig hohen Anteil an Kohlenhydraten von über 60% sind auch 6–7% Eiweiße, Calzium, Phosphat, Eisen und Vitamine darin enthalten.

Bild 26 Die Früchte der Dattelpalmen werden mit Pergamenttüten vor Witterungseinflüssen geschützt.

5.4. Die Feige *Ficus carica*

Die Feige soll hier erwähnt werden, weil sie einen hohen Nährwert besitzt. Als Kulturpflanze ist sie mindestens 5000 Jahre alt. Die Anbaugebiete für Feigen umfassen die Mittelmeerländer und die Südstaaten der USA. Zu den Hauptproduzenten zählt man die Türkei, Portugal und Italien mit je 0,2 Mio. t, ferner Griechenland, die USA und Spanien. Die Weltproduktion beträgt 1,2 Mio. t. In den genannten Ländern kultiviert man die Feige hauptsächlich zwecks Eigenverbrauch. Etwa $^1/_{10}$ der Produktion wird exportiert. Die Feigen kommen in der Regel getrocknet in den Handel. Ein umfangreicher Export von frischen Früchten ist auch in Zukunft kaum möglich, da Feigen sehr empfindlich sind und rasch verderben. Die Verarbeitung zu Konserven hat sich noch nicht in größerem Umfang durchgesetzt.

Bild 27 Feigen haben einen hohen Nährwert, sind aber leicht verderblich.

Die Feigenbäume sind niedrig und an ihren gelappten Blättern zu erkennen. Die Blüten sind in einem von der Blütenachse gebildeten Becher eingeschlossen.

Nur die kleinen Gallwespen *(Blastophaga psenes)*, deren Entwicklung sich aber in den Blüten (»Gallenblüten«) der Ziegenfeigen vollzieht, sind in der Lage, sie zu befruchten. Um zu erreichen, daß diese Gallwespe auch die Speisefeige befruchtet, bringt man Zweige der Ziegenfeigen in die Äste der Speisefeigenbäume. Heute gibt es Sorten, die auch ohne Befruchtung hohe Erträge, d. h. rund 40 kg Früchte pro Baum, bringen. Der Nährwert getrockneter Feigen beruht auf dem hohen Gehalt von Kohlenhydraten (53 %). Außerdem sind Eiweiße, Fett, Calzium, Phosphat und Eisen in diesem Obst enthalten.

5.5. Die Citrusfrüchte *Citrus ssp.*

Die Heimat der verschiedenen Citrusarten erstreckt sich vom nördlichen Indien bis Zentralchina und schließt auch Burma, Thailand und Indonesien mit ein. Nur die Grapefruit stammt aus Barbados und ist vermutlich eine Mutation einer aus Asien eingeführten Art. Die Citruspflanzen wurden schon in vorchristlicher Zeit domestiziert.

Ihre **Verbreitung** reicht von 40° SB bis 40° NB; aber nur im mediterranen Klima werden die Früchte gelb oder orange gefärbt und schmackhaft. Im tropischen Klimagürtel (15° nördlich und südlich des Äquators) bleiben sie grün und bilden viel Zucker.

Die **Hauptproduktionsländer** für **Orangen und Mandarinen** sind die USA mit 9,2 Mio. t (1977), Brasilien mit 5,3 Mio. t, Japan mit 4,1 Mio. t, Spanien 2,5 Mio. t, Italien 1,9 Mio. t und Marokko 1,0 Mio. t. **Grapefruits** wurden 1977 in den USA (2,7 Mio. t), Israel (0,4 Mio. t) und Argentinien (0,1 Mio. t) produziert. Für die **Zitronen** lauten die entsprechenden Zahlen: USA 0,9 Mio. t, Italien 0,8 Mio. t, Argentinien 0,3 Mio. t. Von den 37,5 Mio. t Citrusfrüchten, die 1977 geerntet wurden, erschienen 5,2 Mio. t im Handel.

Die wichtigsten Citrusfrüchte sind:

Apfelsinen, Orangen *(Citrus sinensis).* Sie wachsen auf 5–6 m hohen, kugeligen Bäumen. Die dunkelgrünen Blätter sind schwach geflügelt, d.h. an den Blattstielen befinden sich kleine Blattspreitenstücke. Die zahlreichen, weißen Blüten duften intensiv. Die orange gefärbten Früchte haben einen Durchmesser von 6–8 cm und schmecken süß. Man unterscheidet zwischen frühreifen Blondorangen und spätreifen Blutorangen.

Mandarinen *(Citrus reticulata).* Sie wachsen auf niedrig bleibenden Bäumen mit sehr schwach geflügelten Blättern. Die Früchte sind orange gefärbt, lassen sich leicht schälen und schmecken süß.

Grapefruit *(Citrus paradisii).* Die Bäumchen sind verzweigt und kugelig, die Blätter stark geflügelt und die Früchte dünnschalig, gelb bis orange gefärbt, 10–15 cm im Durchmesser und sauersüß schmeckend.

Zitrone *(Citrus limon).* Zitronenbäume sind bis 8 m hoch, ästig verzweigt und bilden Blätter mit sehr schmalen Flügeln. Ihre Früchte laufen in eine Spitze aus, sind gelb gefärbt und schmecken infolge ihres hohen Gehaltes an Zitronensäure sauer.

Pampelmusen *(Citrus grandis).* Sie wachsen auf 10 m hohen Bäumen. Die Blätter dieser Pflanze sind stark geflügelt. Die 3 bis 10 kg schweren Früchte mit grün, gelb oder rot gefärbten Schalen haben Durchmesser von ca. 25 cm. Der Geschmack ihres Fruchtfleisches ist bitter.

Citruspflanzungen sind frostempfindlich und brauchen viel Sonne und Wasser. In den hochentwickelten Citrusplantagen in Florida, Texas und Kalifornien (USA) sind die Bewässerungssysteme fest verlegt. Die Plantagen bleiben mehrere Jahrzehnte produktiv. Sollen sie ersetzt oder erweitert werden, vermehrt man die Pflanzen über Stecklinge oder veredelt Unterlagen mittels Okulation.

Die **Züchtung** hat bei Citrus schon im letzten Jahrhundert Erfolge verzeichnet und ist seither systematisch fortgesetzt worden. Die Pflanzen mutieren häufig (meist handelt es sich um Chromosomen-Translokationen oder -Inversionen). Die Sortenvielfalt ist nur noch schwer überblickbar.

Die **Ernte** erfolgt von Hand (Tafelobst) oder mechanisch (Saftgewinnung).

An **Erträgen** rechnet man für Orangen mit 300 dt/ha, für Zitronen und Grapefruits mit 500 dt/ha.

Citrusfrüchte schätzt man als Quelle für Vitamin C und wegen des erfrischenden Geschmacks. Der Gehalt an verwertbaren Kohlenhydraten ist gering.

5.6. Die Ananas *Ananas comosus*

Die Ananas stammt vom amerikanischen Kontinent. Sie war bei den indianischen Eingeborenen bereits bekannt. Heute findet man sie auf der ganzen Welt in tropischen und subtropischen Anbaugebieten.

Hauptproduzenten sind die USA mit 0,8 Mio. t (1973), Brasilien und die Philippinen mit je 0,4 Mio. t, Taiwan mit 0,33 Mio. t. Ferner sind Malaysia, Mexiko und Südafrika als wichtige Anbauländer zu nennen. Die Weltproduktion beträgt 4,5 Mio. t.

Die Pflanze bildet eine Rosette von derben Blättern, die Wasser speichern können. Aus dem Vegetationskegel entsteht ein einziger, unverzweigter Stengel, der endständig einen Blütenstand mit aufgesetzter Blattrosette (Krone) trägt. Die in der verdickten Blütenachse eingelassenen Blütenbecher erblühen mit weißlich-violetten Kronblättern. Im Fall einer Befruchtung bilden sich bei fertilen Sorten tief im Fruchtfleisch eingelagerte, erbsengroße schwarze Samen. Die Samenbildung vermindert die Qualität der Frucht entscheidend. In den Kulturen zieht man aus diesem Grund sterile Sorten vor.

In den großen Anbauzentren sind die Betriebe stark mechanisiert.

Bild 28 Die Ananaspflanze erzeugt eine einzige Frucht pro Jahr. Nach vier Jahren ersetzt man die Pflanzen, weil sie dann nur noch sehr kleine Früchte bilden.

Die **Erträge** betragen im ersten Jahr 300–500 dt/ha, in den folgenden 2–3 Jahren sinken sie allmählich auf 150 dt/ha ab. Der überwiegende Teil der Handelsware erreicht die Verbraucherorte als **Konserven.**

In den **Konservenfabriken** wäscht man die Früchte auf Fließbändern. Automaten schälen die Ananas so, daß der bekannte durchbrochene Zylinder entsteht. Nach einer gründlichen Qualitätskontrolle werden die Fruchtzylinder in Scheiben unterteilt, in Dosen abgefüllt und sterilisiert.

Weitere Produkte der Konservenindustrie sind Fruchtsaft und Bromelain, ein eiweißabbauendes Enzym, das in der Lebensmittelindustrie Verwendung findet.

Die Ananas enthält nebst Kohlenhydraten (Zuckern) die Vitamine A und C. Ihr Nährwert ist gering.

5.7. Steinobst und Kernobst

Unter dem Sammelbegriff **»Steinobst«** faßt man die Früchte der Prunus-Arten Pfirsich, Pflaume, Zwetschge, Aprikose, Süß- und Sauerkirsche zusammen. Alle enthalten einen Samen, der von einer harten Schale umgeben ist. **»Kernobst«** nennt man jene Rosaceenfrüchte, deren Samengehäuse von fleischigem Gewebe der Blütenachse umwuchert werden. Dazu zählen z. B. Apfel, Birne und Quitte.

Stein- und Kernobst sind in den gemäßigten Zonen beheimatet und verbreitet und, wie die Produktionsziffern belegen, von großer Bedeutung. Wegen der Verwandtschaft gleichen sich die Bäume in vielen Merkmalen. Ihre Ertragsleistung ist starken Schwankungen unterworfen. In den Pflanzungen schneidet man die Bäume jedoch so, daß sie jedes Jahr eine annähernd gleiche Leistung erbringen. Man kennt verschiedene Kultursysteme:

Die **Halbstammanlage** besteht aus Bäumen mit einer Stammhöhe von 1,2 m, einem Mitteltrieb als Fortsetzung des Stammes und drei Leitästen. Die Halbstammanlagen sind besonders in Kirschen- und Pflaumenkulturen verbreitet.

Bei **Niederstammanlagen** beträgt die Stammhöhe nur 80 cm, und die Äste werden in zwei Richtungen gezogen, so daß Hecken entstehen. Dieses System gibt Raum für Bearbeitungsgassen und wird daher in größeren Pflanzungen verwendet. Alle Kulturmaßnahmen lassen sich hier bequem vom Boden aus durchführen.

Die verschiedenen **Schnittechniken** zielen darauf ab, viel Fruchtholz zu erzeugen und Pflege und Ernte zu erleichtern. Man schneidet alle Äste zurück, die gegen das Zentrum der Krone wachsen. Aufrechte Triebe konkurrieren mit den Leitästen, produzieren keine Früchte und sind deshalb zu entfernen. Durch gezielten Schnitt regt man die schlafenden Knospen der Leitäste zum Austreiben an und erneuert so das Fruchtholz Jahr für Jahr.

Zur **Vermehrung** benützt man die Okulation und Kopulation. Beim **Okulieren** setzt man den ausgewählten, kräftigen Unterlagen schlafende Augen der Edelsorten ein. Bei der **Kopulation** verbindet man einen Unterlagenast mit einem gleichstarken Edelreiser und schützt die Wundstelle mit Wachs. Nach einigen Wochen sind die Wundstellen verwachsen. Dann können die Jungpflanzen auf das Feld gesetzt werden.

Für die Pflanzungen haben sich Hanglagen als besonders geeignet erwiesen. Dort können sich keine Kälteseen bilden – ein wesentlicher Gesichtspunkt; denn Obstbäume sind sehr frostempfindlich.

Alle Steinobstarten sind für den Frischverzehr geeignet oder lassen sich in Form von Fruchtsäften, Branntwein, kandierten und getrockneten Früchten oder Konserven speichern. Das Kernobst dient vor allem zum Frischverzehr, aber auch für die Herstellung von Fruchtsäften, Marmeladen und Trockenfrüchten.

Sehr arbeitsintensiv gestaltet sich die Ernte; denn der Großteil der Früchte ist als Tafelobst zu verkaufen und muß höchsten Ansprüchen genügen. Für eine sorgfältige Lese kommt nur die **Handernte** in Frage. In den Halbstammkulturen braucht man Leitern, in den Niederstammkulturen pflückt man vom Boden oder von der Ladebrücke des Fahrzeuges aus. Die Früchte sind abzudrehen oder leicht anzuheben, weil sich dann der Stiel ohne Verletzung vom Ast löst.

5.7.1. Steinobst

Pfirsich *(Prunus persica).* Der Baum stammt aus China und ist seit mindestens 4000 Jahren als Nutzpflanze geschätzt. Die Früchte eignen sich sowohl für den Frischverzehr als auch für die Konservenabfüllung. Der Pfirsichanbau ist in den gemäßigten Zonen der ganzen Welt verbreitet, wobei die an der Nordküste des Mittelmeeres gelegenen Länder als wichtigste Anbaugebiete gelten. Stark beteiligt sind die USA (Kalifornien und South Carolina), ferner Japan und die Türkei und auf der Südhalbkugel Argentinien, Chile und Südafrika.

Die Weltproduktion schwankte in den Jahren 1976–78 zwischen 4,8 und 5,4 Mio. t. Pfirsiche gelangen ungefähr zu gleichen Teilen frisch oder konserviert in den Handel.

Pflaume und Zwetschge *(Prunus domestica).* Diese eng verwandten Arten stammen aus dem westlichen Asien und sind als Kulturpflanzen sehr alt. Das Verbreitungsgebiet deckt sich zum Teil mit demjenigen des Pfirsichbaumes, zieht sich aber noch weiter nach Norden hin. Die Hauptproduzenten sind Jugoslawien (0,7 Mio. t), USA (0,6 Mio. t) und die Bundesrepublik Deutschland (0,5 Mio. t). Dann folgen Italien, die Türkei und Österreich. Die Weltproduktion erreicht 2,5 Mio. t.

Aprikose *(Prunus armeniaca).* Auch diese Frucht kommt aus Asien, und zwar aus China. Der Umfang der Weltproduktion ist mit 0,8 Mio t deutlich geringer als bei Pfirsichen und Pflaumen. Die wichtigsten Anbaugebiete befinden sich in Spanien (0,2 Mio. t), der Türkei (0,15 Mio. t) und den USA (0,11 Mio. t).

Süßkirsche *(Prunus avium)* und **Sauerkirsche** *(Prunus cerasus)*. Kirschen sind nur sehr begrenzt lagerfähig und haben daher einen äußerst beschränkten Markt. Die Verbraucherorte decken sich zumeist mit den Produktionsgebieten. Die Welternte beträgt 1,1 Mio. t und kommt vorwiegend aus der Bundesrepublik Deutschland (0,25 Mio. t), den USA (0,22 Mio. t), der Türkei (0,12 Mio. t) und Italien (0,1 Mio. t). Ein Teil der Ernte wird zu Marmelade, Konserven und Branntwein verarbeitet.

5.7.2. Kernobst

Apfel *(Pyrus malus)*. Der Apfelbaum ist in Europa heimisch und leitet sich aus dem Holzapfel *(Malus silvestris)*, dem Zwergapfel *(M. pumila)* und dem Beerapfel *(M. baccata)* ab.

Die Äpfel sind ein gut lagerfähiges und vielseitig verwendbares Obst und in Produktion und Handel wichtiger als alle übrigen Kern- und Steinobstarten zusammen. Die Weltproduktion erreichte 1978 16 Mio. t. In den USA erntete man 3,4 Mio. t, in der Bundesrepublik Deutschland, Frankreich und Italien je 1,7 Mio. t. Ferner sind Spanien, die Türkei, Japan und Argentinien (alle um 0,9 Mio. t) wichtige Produzenten. Über 2 Mio. t der Welternte erscheinen im Handel.

Unter den Dutzenden von Sorten gibt es viele Triploide; diese sind dann pollensteril. Aus diesem Grunde findet man in den Apfelkulturen in der Regel verschiedene Sorten, die so zusammengestellt werden, daß eine gegenseitige Befruchtung möglich wird.

Diejenigen Äpfel, die als Tafelobst verkauft werden sollen, müssen sehr sorgfältig von Hand geerntet werden. Daneben verwendet man Äpfel zur Saftbereitung, Konservierung in Dosen und zur Herstellung von Trockenobst.

Birne *(Pyrus communis)*. Man vermutet den Ursprungsort des Birnbaumes in Transkaukasien. Sein heutiges Verbreitungsgebiet deckt sich mit demjenigen der übrigen Kern- und Steinobstbäume. Auf der ganzen Welt werden jährlich zwischen 4,5 und 5,5 Mio. t (1976–78) geerntet. Das wichtigste Anbauzentrum ist Italien (1,1 Mio. t). Dann folgen die USA (0,6 Mio. t), Japan (0,5 Mio. t) und Spanien (0,4 Mio. t) als weniger wichtige Produzenten. Im Welthandel erscheinen um 0,5 Mio. t. Birnen werden in derselben Weise verarbeitet wie Äpfel.

5.8. Beerenobst

Das Beerenobst umfaßt die Weintraube, Erdbeere, Himbeere, Brombeere, Stachelbeere, Johannisbeere und andere. Die Sammelbezeichnung »Beerenobst« ist nicht im botanischen Sinne zu verstehen. Nur Wein-, Johannis- und Stachelbeeren sind »steinlose, fleischige Schließfrüchte«, also echte Beeren. Die Erdbeeren sind fleischig verdickte Blütenböden, und die Himbeeren und Brombeeren werden vom Botaniker als »Steinsammelfrüchte« bezeichnet.

Tabelle 9. Vitamingehalte des eßbaren Anteils der Obstarten (außer Schalenobst) [nach Handbuch der Lebensmittelchemie, Bd. V/2 (1968)]

Obstart	Vitamin C mg/100 g	β-Carotin mg/1000 g	Vitamin B_1 µg/100 g	Vitamin B_2 µg/100 g	Nicotin-säure-amid mg/100 g	Panto-then-säure mg/100 g
Äpfel	0,5–40	0,02–0,09	20–120	3–50	0,1–0,7	0,03–0,2
Birnen	0,5–23	0,01–0,19	10–90	10–100	0,1–0,4	0,02–0,05
Quitten	12–15	0,01–0,05	20–40	20–30	0,2	
Kirschen	4–28	0,03–0,37	20–60	20–60	0,2–0,5	0,12
Pflaumen	1–23	0,05–0,60	20–200	20–90	0,2–0,6	0,12–0,24
Aprikosen	3–10	0,3 –4,8	30–60	50–130	0,7–0,8	0,3
Pfirsiche	2–59	0,2 –1,8	10–120	10–120	0,4–0,9	0,04–0,07
Erdbeeren	20–100	0,03–0,42	20–50	20–100	0,2–1,0	0,1–0,5
Johannisbeeren,						
rot	20–60	0,01–0,15	20–80	20	0,1–0,4	0,6
schwarz	65–400	0,01–0,24	20–80	20–60	0,2–0,4	0,4
Brombeeren	6–40	0,02–0,48	20–40	20–50	0,2–0,5	0,1–0,2
Himbeeren	13–50	0,03–0,08	20–80	40–70	0,3–0,5	0,3
Stachelbeeren	25–55	0,01–0,24	10–70	10–30	0,1–0,4	0,1–0,3
Heidelbeeren	6–50	0,06–0,21	20–30	10–70	0,2–0,5	0,1
Weintrauben	0,5–11	0,01–0,05	10–100	10–90	0,2–0,8	
Orangen	16–100	0,04–0,36	35–165	10–90	0,1–0,5	0,1–0,3
Mandarinen	20–60	0,24–0,53	50–160	10–65	0,2–0,6	
Grapefruits	27–70	0,01–0,02	15–120	10–50	0,1–0,4	0,1–0,5
Zitronen	30–100	0,01–0,02	5–125	5–70	0,1–0,4	0,3
Bananen	3–16	0,03–1,0	30–60	40–90	0,6–0,8	0,2
Ananas	15–25	0,1 –0,8	60–80	30–90	0,1–0,8	0,2
Feigen	5–30	0,03	60	50	0,5	
Avocado	9–30	0,04–0,30	60–100	130–200	1,1	0,3

5.8.1. Die Weinrebe (Vitis vinifera)

Diese schon seit dem Altertum geschätzte Pflanze wuchs früher sowohl in Europa als auch in Asien und Nordamerika als Kletterpflanze an Waldrändern. Sie wurde bereits vor Jahrtausenden zur Nutzpflanze. Heute ist die Weinrebe in Europa, den USA, Asien, Südamerika und Australien verbreitet, und es gelingt auch den außereuropäischen Weinbauern, aus dem Saft der Weinbeeren einen guten Wein herzustellen.

Die Weinrebe vermag dank ihres tiefreichenden Wurzelwerks an trockenen Standorten zu gedeihen. Ihre Ranken werden in den Kulturen zurückgeschnitten oder aufgebunden. Die Blüten sind grün und unscheinbar. Die Früchte sind gelbgrün, rot oder blau gefärbt und enthalten Trauben- und Fruchtzucker. Für die Kulturen nördlich der Alpen zieht man sonnige Hanglagen vor, in den Mittelmeerländern gedeihen die Reben auch in ebenem Gelände. In Abhängigkeit von Sonneneinstrahlung, Luftfeuchtigkeit, Bodenzusammensetzung, Temperatur und anderen Faktoren bildet sich ein besonderer Geschmack des Gärgutes.

Man erntet die Weinreben von Hand. Zur Bereitung von Weißwein gibt man das Erntegut in die Traubenmühle, trennt den farblosen Preßsaft von der Maische (Quetschgut) und läßt ihn vergären. Soll hingegen Rotwein entstehen, werden die Beeren während mehrerer Tage direkt nach dem Quetschen vergoren. Dabei gehen die Farbstoffe aus den Häuten der Beeren in Lösung und färben den Saft rot. Zur Herstellung von Weißherbst beträgt die Gärzeit mit den Häuten nur 24 Stunden. Dabei geht nur ein Teil der Farbstoffe im Saft in Lösung.

Die Gärung ist für die Weinbereitung von entscheidender Bedeutung. Zur Herstellung von qualitativ hochstehenden Weinen tötet man vor der Aufbereitung die Wildhefen, die sich schon in den Kulturen auf den Traubenbeeren festsetzen, durch Einleiten von SO_2 ab. Dann gibt der Gärmeister Zuchthefen hinzu und überwacht den Vorgang der Gärung, der Tage bis Wochen dauern kann. Das Produkt, Jungwein, bedarf einer **Klärung** und einer **Nachgärung.** Beim **Klären** entfernt man den Bodensatz aus abgestorbenen Hefezellen, Schleimstoffen und Weinstein. In der **Nachgärung**, die Monate dauern kann, bauen **Bakterien** (Streptococcus laktis) die Äpfelsäure zu Milchsäure und CO_2 ab. Dabei wird der Wein mild. Bei der Alterung laufen in erster Linie Oxidationsvorgänge ab, darüber hinaus aber noch andere chemische Prozesse, die bislang noch ungeklärt sind. Das Mischverhältnis von Alkohol, verschiedenen Zuckern, Wein-, Äpfel- und Milchsäure, Gerbsäuren, Glycerin, Estern, Farbstoffen, Mineralstoffen u.a. bestimmt schließlich den Geschmack des Weines.

Der Alkoholgehalt schwankt zwischen 8–12% für leichte und 12–14% für schwere Weine. Er ist abhängig vom bei der Ernte vorhandenen Zuckergehalt (Öchslegrade). Der Zucker erhöht das spezifische Gewicht des Traubensaftes. Ist ein Liter Traubensaft 1080 g schwer, liest man 80 Öchslegrade auf dem in den Saft eingetauchten Meßgerät ab. Das entspricht einem Zuckergehalt von 16% und wird einen Alkoholgehalt von 10 Volumen-% ergeben.

Durch **Destillation** kann der Alkoholgehalt erhöht werden. Dabei entsteht **Branntwein.**

Nebst den 80% der Ernte, die zur Weinbereitung verwendet werden, bleibt noch ein Teil, der zur Herstellung von Rosinen, Sirup, Konfitüre oder Fruchtsaft dient.

5.8.2. Sonstiges Beerenobst

Himbeeren, Brombeeren, Stachelbeeren, Johannisbeeren, Erdbeeren und Heidelbeeren stammen aus der nördlichen gemäßigten Zone. Sie werden vegetativ vermehrt. Die Pflanzungen haben meist nur geringe Ausmaße. Vielfach werden die Beeren auch noch in der freien Natur gesammelt. Beeren haben mehrheitlich lokale Bedeutung und werden vor allem als Frischobst geschätzt. Sie dienen auch zur Herstellung von Marmeladen, Fruchtsäften und Spirituosen.

6. Gemüse

6.1. Allgemeines

Unter Gemüse faßt man eine Reihe von Pflanzenprodukten aus Wurzeln, Knollen, Stengeln, Sprossen, Blättern, Blüten, Früchten und Samen zusammen. Sie dienen dem Menschen zur Bereicherung des Speisezettels, da sie wichtige Vitamine, Mineralsalze, Spurenelemente, zum Teil auch Eiweiß sowie Zellulose als Ballaststoff enthalten. Kohlenhydrate und Fette sind in den Gemüsen meist in geringer Menge vorhanden.

Gemüse ist weltweit beliebt und wird überall kultiviert, wo es die klimatischen Bedingungen irgend erlauben. Ein großer Teil des Gemüses wird von Eigenverbrauchern im Garten gezogen. Ein weiterer Teil wird von Farmern und Großgärtnereien angebaut, wobei dann entweder ein gut ausgebautes Verteilersystem oder eine Konservenfabrik angegliedert sein muß; denn Gemüse ist in der Regel nicht länger als einige Tage haltbar. Der Gemüseanbau ist anspruchsvoll und erfordert meist eine intensive Pflege. Die Ernte ist bislang für die meisten Gemüse nicht maschinell möglich. Die Produkte sind deshalb verhältnismäßig teuer und für den Produzenten wirtschaftlich interessant. In den USA z. B. wurde 1977 Gemüse im Wert von 2,35 Milliarden Dollar erzeugt.

6.2. Wichtige Gemüsearten

Gemüse läßt sich nach den genutzten Pflanzenteilen in folgender Weise gliedern:

Wurzeln und Knollen. Dazu zählen die Rübenarten Rote Bete (*Beta vulgaris* var. *conditiva*) und die Weiße Rübe (*Brassica campestris* var. *rapa*), der Kohlrabi (*Brassica oleracea* var. *gonglyodes*), die in der Mittelmeerregion angebauten Schwarzwurzeln (*Scorzonera hispanica*), der Rettich (*Raphanus sativus*), die Karotte (*Daucus carota*) und Sellerie (*Apium graveolens*).

Blätter und Stengel. Sie lassen sich von den verschiedenen Kohlarten wie Kopfkohl (*Brassica oleracea* var. *capitata*), Rosenkohl (*B. o.* var. *gemmifera*), Wirsing (*B. o.* var. *sabauda*), Grünkohl (*B. o.* var. *viridis*) verwerten. Zur selben Gruppe gehören auch Spinat (*Spinacia oleracea*) und Spargel (*Asparagus officina-*

lis), dessen unterirdische Triebe geerntet werden, sobald die Triebspitzen die Erdoberfläche durchbrochen haben, Rhabarber *(Rheum rhaponticum)* und Lauch, der unter »Zwiebeln« aufgeführt ist.

Blüten. Blüten gewinnt man von Blumenkohl (*Brassica oleracea* var. *botrytis*), Broccoli (*B. o.* var. *italica*) und von Artischocken *(Cynara scolymus)*, die in den westlichen Mittelmeerländern angebaut werden.

Salate. Salate stammen aus der formenreichen Kopfsalat-Gruppe *(Lactuca sativa)*, ferner von Endivie und Chicorée *(Cichorium endivia)*, der Gartenkresse *(Lepidium sativum)* und dem Feldsalat *(Valerianella oliteria)*.

Zwiebeln. Zwiebeln liefern Porree oder Lauch (*Allium ampedoprasum* var. *porrum*), die auch als Blattgemüse verwendet werden, die Speisezwiebel (*Allium cepa* var. *cepa*) und Knoblauch *(Allium sativum)*, von welchem weltweit jährlich 1,3 Mio. t gezogen werden.

Die **Fruchtgemüse** umfassen: die Tomate *(Lycopersicon lycopersicum)*, die weiter unten ausführlich besprochen wird, die Wassermelone *(Citrullus lanatus)* und die Zuckermelone *(Cucumis melo)*, die Gurke *(Cucumis sativus)*, verschiedene Kürbisarten, u.a. den Gartenkürbis *(Cucumis pepo)*, die Eierfrucht, auch Aubergine genannt *(Solanum melongena)*, Gemüsepaprika oder Peperoni *(Capsicum annuum)* und Zucchetti oder Zucchini *(Cucurbita pepo* var. *giromontiina)* sowie unreife Maiskolben *(Zea mays)*.

Unter **Samengemüse** faßt man die folgenden wegen ihres Eiweißgehaltes wichtigen Arten zusammen: Erbsenarten (u.a. *Pisum sativum*), die Gartenbohne *(Phaseolus vulgaris)*, die Linse *(Lens culinaris)* und Soja, die unter »Fett und Öl liefernde Pflanzen« besprochen ist.

Sprosse sind in den tropischen Regionen von einiger Bedeutung. Wichtig sind vor allem die Bambussprosse *(Deutrocalamus asper)* und die Palmherzen, die von verschiedenen Palmenarten gewonnen werden. Schließlich sind auch die **Speisepilze** unter die Gemüse einzuordnen.

Besondere Probleme des Gemüseanbaus sollen am Beispiel der Tomate aufgezeigt werden.

6.3. Die Tomate *Lycopersicon lycopersicum*

Die Heimat der Tomate liegt entweder in Süd- oder in Mittelamerika. Dieses Gemüse wird in Asien, Europa und Amerika verbreitet angebaut. Die Weltproduktion ist mit über 30 Mio. t größer als bei den anderen Gemüsen. Mit 6 Mio. t produzieren die USA am meisten Tomaten. Weitere bedeutende Erzeuger sind Italien (3,3 Mio. t), die UdSSR (2,8 Mio. t) und die Türkei (2 Mio. t). Die Bedeutung der Tomate nahm sprunghaft zu, nachdem es gelungen war, den Reifeprozeß in Kühlhäusern zu kontrollieren und die Tomate in Dosen oder als Püree zu konservieren.

Die krautige Pflanze ist schnellwüchsig und bildet gelbe Solanaceenblüten. Die Früchte sind in mehrere Kammern unterteilte Beeren. Die Pflanze gedeiht am besten im Mittelmeerklima. In den hochtechnisierten Gebieten bewässert man die Kulturen mittels Kunststoffschläuchen, die über kleine Poren nur gerade die Tomatenpflanzen bewässern. Dem Gießwasser kann Flüssigdünger beigemischt werden. Die Krankheits- und Schädlingskontrolle erfolgt von Kleinhelikoptern aus.

Qualitativ hochwertige Ware pflückt man von Hand. Für die Ernte minderwertiger Qualitäten, die für Dosenabfüllung, Püree oder Ketchup Verwendung finden, werden auch Erntemaschinen eingesetzt. Solche Tomatensorten haben zähe Fruchthäute, eine gleichmäßige Vollreife und kleine, längliche Fruchtformen. Ihre Stauden sind niederliegend. Die Maschinen nehmen die Stauden samt Früchten auf, trennen die Tomaten ab und sammeln sie auf einem Lastwagen, während das abgeerntete Grünzeug auf das Feld zurückgegeben wird. Die Maschine erlaubt nur einen einzigen Erntedurchgang, da die Pflanzen bei der Fahrt durch das Feld zerstört werden.

Das Hand-Erntegut setzt sich dagegen aus grünen und roten Früchten zusammen und muß noch sortiert werden. Für die Selektion nach Farben gibt es eigens geschulte Fachleute, die an einem Fließband die Qualitätsauftrennung vornehmen. Neuerdings ist eine Maschine erhältlich, die mittels eines elektronischen Auges die Farbunterschiede der Früchte feststellt und die Auftrennung vornimmt. Nach der Abpackung können die Tomaten in Kühlhäusern für einige Zeit gelagert werden. Vor dem Verkauf reift man sie künstlich nach.

7. Genußmittelpflanzen

7.1. Der Kaffee *Coffea spec.*

Heimat. Der Kaffeestrauch stammt aus Abessinien und dem angrenzenden Sudan. Er kommt in diesen Ländern auf 500–1800 m Höhe wild vor. Vermutlich wurden zuerst seine Blätter gekaut. Dann entdeckte man, daß der Absud der Blätter (sie enthalten beim dreijährigen Strauch 1–2 % Coffein) stimulierend wirkt. Später wurden die Samen der Früchte, die »Kaffeebohnen«, zerrieben und aufgebrüht. Die Domestikation dürfte sich im Gebiet des heutigen Südjemens abgespielt haben.

Verbreitung. Erste schriftliche Zeugnisse eines Getränkes, das als Kaffee gedeutet wird, gehen auf den arabischen Arzt Thases um 900 n. Chr. zurück. Im Jahre 1511 war der Kaffeekonsum in Arabien offenbar derart verbreitet, daß er verboten werden mußte. Von den Türken wurde der Kaffee jedoch weiterverbreitet. In der Handelsmetropole Venedig erschien er im Jahre 1615, ein Jahr später in Holland und dann trat er gleichsam einen Siegeszug in Europa an. Der Verbrauch stieg schnell an, die Produktion genügte nicht mehr. Deshalb wurde der Kaffeeanbau von den Holländern, Franzosen und Spaniern in ihre Kolonien nach Amerika, von den Engländern und Spaniern nach Asien exportiert. 1715–1717 führten die Europäer den Kaffee in Haiti, San Domingo und in Réunion, 1740 auf den Philippinen, 1760 (als zweiter Versuch) in Brasilien, 1779 in Mittelamerika ein.

Seit dem 18. Jahrhundert hat sich die Kaffeeproduktion ständig erweitert. Die Hauptproduktionsgebiete liegen heute in Süd- und Mittelamerika, von wo über 60 % der Weltproduktion herstammen. Weitere bedeutende Anbauzentren befinden sich im tropischen Afrika sowie in Indonesien, Indien und Neu Guinea. Insgesamt finden sich in über 70 Ländern Kaffeekulturen.

Bedeutung. Für viele Länder ist Kaffee das Hauptexportprodukt. In Kolumbien war er 1970 mit 56,9 % am Gesamtexport beteiligt, in Haiti mit 44 %, El Salvador 43,9 % und in Brasilien mit 37,3 %. Auch die Wirtschaft einiger afrikanischer Länder basiert im wesentlichen auf dem Kaffee-Export.

Brasilien produziert allein 20–30 % (1976 waren es 23 %) der Weltproduktion.

In bezug auf den Kaffeeverbrauch lassen sich großräumige Verschiebungen feststellen: 1945 konsumierten die Bewohner der Vereinigten Staaten über 70 % der Weltproduktion, 1970 waren es noch 40 %. Im selben Zeitraum stieg der Verbrauch in Europa von rund 15 % auf 50 % des Weltkonsums.

Morphologie. Infolge besonderer Schnittechniken wachsen die Kaffeepflanzen in den Plantagen als Sträucher, die 1–2,5 m hoch werden. Die weißen Blüten duften intensiv und stehen büschelweise in den Blattachseln. Die ausgereiften, 1–1,5 cm langen, rundlichen Früchte nennt man »Kaffeekirschen«. Ihre äußere Haut (Exokarp) ist rot bis purpurn. Darunter befindet sich ein zuckerhaltiges Fruchtfleisch (Mesokarp). Im Innern (Endokarp) befin-

Bild 29 Die kirschenförmigen Kaffeefrüchte wachsen an herabhängenden Zweigen. Kaffeepflücken ist eine Arbeit, die einen großen Aufwand an Zeit und Arbeitskräften bedingt.

den sich zwei Samenfächer, die von einer Pergamenthaut umgeben sind. Die Samen selbst sind von der Silberhaut (Samenhaut) eingehüllt, durch welche die grünbraune Farbe der »Kaffeebohne« durchschimmert.

Es gibt mehrere Arten und Varietäten, die sich in morphologischen Merkmalen unterscheiden. Die *Coffea arabica* wird in allen Ländern zwischen Mexiko und Brasilien oberhalb rund 700 m angebaut. Die Robusta-Kaffeepflanze *(Coffea canephora)* ist resistent gegen den Kaffeerost, eine sehr gefährliche Krankheit, die die afrikanischen und asiatischen *Coffea arabica*-Bestände stark verringert hatte. Die Qualität des Robusta-Kaffees ist nicht erstklassig; er findet aber zur Herstellung von löslichem Kaffee ausgedehnte Verwendung.

Anbau. Kaffeepflanzen gewinnt man meist aus Keimlingen, die in beschatteten Kästen oder Polyäthylenbeuteln herangezogen werden.

Nach einer Keimdauer von 20 Tagen werden die Keimlinge gepfropft: Man setzt eine besonders ertragreiche Varietät auf die nematodenresistente Unterlage eines Robustakeimlings. Das Verfahren kombiniert die Vorteile zweier *Coffea*-Arten: Das Robusta-Wurzelwerk ist nematodenresistent und kräftig. Dies hat eine Ertragssteigerung der daraufgepropften *Coffea arabica*-Varietät (Bourbon, Caturra u. a.) zur Folge.

In Abhängigkeit von der gewählten Varietät tragen die Pflanzen zum erstenmal nach 2–5 Jahren.

Züchtung. Die großen kaffeeproduzierenden Staaten unterhalten Forschungsinstitute, die in Gärten alle wichtigen Kaffeearten halten. Das vordringlichste Zuchtziel ist die Resistenz der *Arabica*-Varietäten gegen den Kaffeerostpilz *Hemileia vastatrix*.

Ernte. Bis heute gibt es keine Kaffee-Erntemaschinen, denn von allen Früchten dürfen nur die reifen gepflückt werden. Ein einzelner Arbeiter erntet täglich etwa 30 kg. Man pflückt mit beiden Händen in den umgehängten Korb. Noch auf den Feldern entfernt man faule oder unreife Kirschen. Der Kaffee kann nach der Ernte nicht gelagert werden, sonst verschlechtert sich die Qualität. Er muß sofort aufbereitet werden.

Erträge. Die Erträge sind in den einzelnen Anbaugebieten sehr unterschiedlich. Durchschnittliche Werte erreichen 5–6 dt/ha, hohe Erträge liegen über 10 dt/ha.

Verwertung. Aufbereitung. Man unterscheidet die **trockene** und die **nasse Aufbereitung.** Die beispielsweise in Brasilien angewandte, trockene Methode ist sehr einfach: Man trocknet die Früchte auf einem Platz an der Sonne. Dabei dringen aber unerwünschte Aromastoffe in die Samen ein: Dieser Kaffee ist nicht hochwertig.

Die zentralamerikanischen Produzenten haben sich auf die nasse Aufbereitung spezialisiert:

- Der Kaffee durchläuft die Entfleischermaschine (Pulper).
- Der zuckerhaltige Schleimrest des Fleisches wird fermentiert. Dabei entstehen Geschmacksstoffe, die das Kaffeearoma positiv beeinflussen.
- Wegwaschen der Fermentationsrückstände.
- Trocknen auf Plätzen an der Sonne oder in Trocknungsmaschinen.
- Entfernen der Pergamenthülle und Klassifikation direkt vor der Verschiffung.

Zuerst kippt man die Ernte in fließendes Wasser, um die obenaufschwimmenden tauben oder faulen Früchte abzutrennen. Im Pulper entfernen Walzen oder Scheiben das Fruchtfleisch, das als Dünger auf die Felder zurückgeführt wird.

Die Kaffeebohnen schwemmt man nun in zementierte Bottiche, wo in 12–24 Stunden die zuckerhaltige Schleimschicht durch Mikroorganismen vergoren wird. Dabei entstehen Galakturonsäure, weitere organische Säuren und Alkohol. Der Prozeß der Fermentation muß ständig überwacht und geregelt werden: Bei Überhitzung kühlt man mit Wasser ab, bei zu tiefen Temperaturen setzt man zur Beschleunigung der Gärung Mikroorganismen zu.

Nach Ablösung der Schleimschicht wäscht man die Kaffeebohnen, die sich in gelben Pergamenthäuten befinden. Der saubere Kaffee wird schließlich entweder auf großen Plätzen an der Sonne oder in Trockentrommeln getrocknet.

Man lagert den Kaffee in der Pergamenthaut. Es ist sorgfältig darauf zu achten, daß er keine Geruchsstoffe aufnehmen kann. Kranke oder faule Bohnen, sogenannte »stinkers«, können große Mengen von Kaffee unbrauchbar machen. Erst vor dem Export befreit man den Kaffee aus der Pergamenthaut. Das bringt für den Transport gewichts- und volumenmäßig Vorteile.

Die Qualität des Kaffees wird sehr kritisch beurteilt. Bei **zu früh** gepflücktem Kaffee ist die Silberhaut nicht ablösbar und der Geschmack in der Tasse herb. Bei **überreif** gepflücktem Kaffee erscheint die Silberhaut rötlich oder braun. Der Geschmack ist säuerlich. Bei **unvollständiger Fermentation** ist die Silberhaut nur schwer ablösbar. Bei **Überfermentation** wird sie fleckig. Bei **richtig** behandeltem Kaffee ist die Silberhaut ablösbar, der Schnitt weißlich.

Rösten. Am Verbraucherort wird der Kaffee geröstet. Dazu bringt man die grünen Bohnen für 8–15 Min. in einen 200–250° C heißen, trommelförmigen Röstofen. In der Hitze karamelisiert der in den Bohnen enthaltene Zucker. Daher und wegen der Gerbsäuren verfärbt sich die Kaffeebohne braun. Die trockene Destillation setzt außerdem Aromastoffe frei. Das

Zusammenwirken dieser Stoffe ergibt den typischen Kaffeegeschmack, der bis heute nicht künstlich nachgeahmt werden kann.

Zusammensetzung. Der geröstete Kaffee enthält 1–2% Coffein, 10% Zucker, 12–15% Fette, Öle, Wachse, 4–5% Chlorogensäure, 4% ätherische Öle und Mineralsalze. Die angenehme und anregende Wirkung des Kaffees beruht auf seinem Gehalt an **Coffein.** Es ist das einzige Alkaloid, das im Körper Reaktionen hervorruft, ohne daß Schädigungen oder Abhängigkeit nachweisbar sind.

Coffein steigert die Aufnahmefähigkeit, das Merkvermögen und die Denkfähigkeit. Ferner läßt sich eine Steigerung der Sekretion der Magenschleimhaut und eine harntreibende Wirkung nachweisen. Das Gefäß- und Atemzentrum wird erregt, wobei sich gleichzeitig die Gefäße von Herz, Niere und Haut erweitern. Das Coffein ist auch im Teestrauch, in der Kakaobohne, in den Mate-Pflanzen, in Kola u. a. nachgewiesen.

Beim coffeinfreien Kaffee wird dem Rohkaffee das Coffein durch Äther oder Benzin weitgehend entzogen.

7.2. Der Kakao *Theobroma cacao*

Heimat. Im Quellgebiet des Amazonas sowie des Orinoko gibt es Dutzende von wilden Kakaoarten. Diese Region gilt als Heimat des Kakaostrauches. Eine erste ausführliche Beschreibung dieser Pflanze und der Verwendung der Früchte stammt von Cortez, der 1519–1521 das Reich der Azteken im heutigen Mexiko eroberte. Unter anderem wußte er zu berichten, daß Kakao von den Eingeborenen kultiviert wurde und die Samen als eine Art Zahlungsmittel Verwendung fanden. Anläßlich von kultischen Festen wurde aus diesen Bohnen ein nährendes Getränk hergestellt.

Mitte des 17. Jahrhunderts wurde in Europa die Schokolade entwickelt. Ohne die heutigen Veredelungsmethoden schmeckte jenes Erzeugnis vermutlich eher exotisch als gut und war jedenfalls sehr teuer. Der Sonnenkönig LUDWIG XIV. soll sich den Alltag mit Schokolade, die von einem Herrn PRALIN hergestellt wurde, versüßt haben. Im 19. Jh. entwickelte der Holländer VAN HOUTEN ein Verfahren zur Entfettung der Kakaomasse, das eine Erweiterung der Produktion und eine Verbilligung des Produktes erlaubte. DANIEL PETER fand 1875 das Rezept für die Herstellung der Milchschokolade, und 1879 entwickelte RUDOLF LINDT eine Maschine, mit welcher die Schokoladenmasse erheblich verfeinert werden konnte. Seither stieg der Kakaoverbrauch stetig an.

Verbreitung. Kakao gedeiht beidseits des Äquators bis in die geographische Breite von 20°. Aus dem südamerikanischen Ursprungsgebiet ist Kakao von den Spaniern, Portugiesen, Holländern und Engländern in die tropischen afrikanischen Länder verbreitet worden.

Bedeutung. Zwischen 1920 und 1974 nahm die Kakao-Weltproduktion von 0,23 Mio. t auf 1,4 Mio. t zu. Hauptproduzenten waren 1970 Ghana mit 0,38 Mio. t, Nigeria mit 0,21 Mio. t, Brasilien mit 0,18 Mio. t und die Elfenbeinküste mit 0,15 Mio. t.

Morphologie. Die Kakaopflanze wächst als niedriger, immergrüner Baum von 4–10 m Höhe. In den Plantagen sind möglichst niedrige und reich verzweigte Pflanzen erwünscht. Die Blüten wachsen aus dem Stamm und aus den Ästen (Kauliflorie). Das kommt bei Pflanzen des tropischen Regenwaldes häufig vor und scheint eine Anpassung an die bestäubende Tierwelt zu sein. Möglicherweise sind die Blütenpolster – so nennt man die Stellen, an welchen die Blüten aus der Rinde wachsen – am Stamm besser geschützt. Aus einem einzigen Blütenpolster entwickeln sich bis zu 50 Blüten. Von insgesamt Tausenden von Blüten entwickeln sich nur einige wenige zu Früchten.

Anbau. In Afrika und Brasilien verwendet man eine einfache, billige und schnelle Methode der Vermehrung: Zu Beginn der Regenzeit steckt man einige Kakaobohnen am endgültigen Standort in den Boden und bedeckt sie knapp mit Erde. Nach 2–3 Wochen erscheinen die Keimlinge, nach 2 Monaten sind die Pflanzen 30 cm hoch, nach 5–8 Monaten kann ausgedünnt werden. In kleineren Plantagen in Zentralamerika zieht man die Samen auch in Saatbeeten oder Saatbeuteln an.

Nach einer Wachstumszeit von 4–5 Jahren entstehen die ersten Blüten und Früchte. Kakaobäume bleiben 30–50 Jahre lang fruchtbar.

In einer gut geführten Plantage wachsen an einem Baum jedes Jahr 20–30 Früchte. Eine Einzelfrucht wiegt 300–500 g und enthält 30–50 Samen. Im Samen befindet sich ein Embryo mit zwei stark gefalteten Kotyledonen, die wertvolle Stoffe wie Fette, Eiweiß und Stärke enthalten.

Züchtung. Das Schwergewicht liegt auf der Resistenzzüchtung gegen verschiedene Krankheiten, die in den vergangenen Jahren zu erheblichen Ertragseinbußen geführt haben. Es sind mehrere

Bild 30a Die Kakaofrüchte wachsen direkt aus dem Stamm der Bäume.

Sammelexpeditionen in das Heimatgebiet des Kakao unternommen worden, um resistente Arten zu finden.

Ernte. Die Kakaopflanzungen lassen sich, ebenso wie Kaffeeplantagen, nicht maschinell beernten. Dazu sind die Pflanzen zu verschieden geformt, das Holz der Äste zu brüchig und die Blütenpolster zu verletzlich. Außerdem darf man nur ganz reife Früchte ernten; denn die Samen unreifer Früchte hemmen die nachfolgende Fermentation, da ihr Zuckergehalt nicht ausreicht. Überreife Früchte dagegen enthalten oft gekeimte Samen.

Beim Abschneiden der Früchte muß man darauf achten, daß die Blütenpolster unverletzt bleiben.

Erträge. Die Erträge liegen je nach den Anbaubedingungen zwischen 1 und 40 dt Rohkakao je Hektar.

Verwertung. Noch auf der Plantage schneiden die Erntearbeiter die Früchte auf und streifen die Samen heraus. Die Samen kommen zur Fermentation in Gärkisten. Bei diesem Prozeß setzen Mikroorganismen den im Fruchtmus enthaltenen Fruchtzucker zuerst in Alkohol, dann in Essigsäure um. Durch die Einwirkung dieser Stoffe stirbt das Samengewebe ab. Gleichzeitig werden

Bild 30b Im Innern einer aufgeschnittenen Kakaofrucht sind die Samen, das Ernteprodukt des Kakaobaums, deutlich sichtbar.

- die bitter schmeckenden Gerbstoffe und anthocyanhaltigen Verbindungen abgebaut,
- Aromastoffe von mildem Geschmack gebildet,
- die Samen durchgehend schokoladebraun verfärbt.

Der Ablauf der Fermentation bestimmt die Qualität des Produktes. Er muß daher genauestens überwacht werden. Anschließend trocknet man die Bohnen bis zu einem Wassergehalt von 6–8 %.

Schließlich füllt man die Kakaobohnen in Säcke ab und lagert sie an trockenen Standorten. Zur Klassifizierung vor dem Verkauf untersuchen Fachleute Farbe und Geruch der Bohnen, die Uniformität, das Gewicht und den Anteil an Schmutz.

In den Verbraucherländern säubert man das Gut und röstet die Bohnen bei einer Temperatur von 100–135° C. Die Samen durchlaufen Mühlen und werden zerrieben. In der letzten Mühle wird die Kakaomasse durch einen Spalt von $^1/_{100}$ mm gedrückt und bildet dann das Ausgangsmaterial für die Herstellung von Kakaopulver oder Schokolade.

Die Kakaobohnen setzen sich zusammen aus 53 % Kakaobutter, 17 % Eiweiß, 10 % Stärke, 6 % Gerbstoffen, Zellulose, Mineralstoffen, Wasser sowie 1–2% Theobromin und 0,2% Coffein. Theobromin wirkt wie das Coffein anregend auf das Zentralnervensystem.

Kakaopulver: In Mischmaschinen schließt man die Kakaomasse mit K_2CO_3 oder $(NH_4)_2CO_3$ auf. Dabei verändert sich der Gerbstoffgehalt. In hydraulischen Pressen wird darauf die Kakaobutter entfernt. Sie kann feinen Schokoladen zugesetzt werden oder findet in der pharmazeutischen und kosmetischen Industrie Verwendung. Der Preßkuchen wird unter Kühlung gemahlen. So erhält man das Kakaopulver.

Schokolade: Für die Schokoladeherstellung vermengt man die Kakaomasse mit Zucker, Kakaobutter, Vollmilch und evtl. Würzstoffen. Die große Vielfalt an Schokoladesorten beruht auf der Verschiedenartigkeit der Mischrezepte und auf der Mannigfaltigkeit der Würzstoffe, die zugesetzt werden können.

Die Grundstoffe werden in der **Knet-Mischmaschine** zerrieben und vermengt. Die Masse wird dabei auf einem sich drehenden, geheizten Teller von zwei aufrechten Granitwalzen bearbeitet. In einem nächsten Arbeitsgang schickt man die Schokoladenmasse mehrere Male über den **Walzenstuhl**, der sie erneut preßt. In der **Längsreibmaschine** rollt schließlich eine Granitwalze die erwärmte Masse stunden- bis tagelang. Je länger die Masse in dieser Maschine verbleibt, desto dünnflüssiger wird sie. Außerdem entzieht die Längsreibmaschine Feuchtigkeit und verändert die Geschmackstoffe. Dann kühlt man ab und gießt die Schokolademasse in Tafelformen. Die Tafeln werden maschinell aus den Formen entfernt und abgepackt.

Neuerdings wurde eine einzige Maschine für alle Arbeitsgänge entwickelt, die das komplizierte und zeitraubende Verfahren ohne Qualitätseinbuße entscheidend abkürzt.

Eine Vollmilchschokolade enthält 10% Kakao (Mindestwert), 10% Trockenmilch (Mindestwert), 20% Kakaobutter und 60% Zucker (Höchstwert).

7.3. Der Tee *Camellia sinensis*

Heimat. Das Ursprungsgebiet der Teepflanze befindet sich im Bergland zwischen Burma und Nepal und in der chinesischen Provinz Yünnan. In diesen Gebieten gibt es auch heute noch wilde Teepflanzen.

Verbreitung. In China war die Wirkung des Tees schon um 2700 v. Chr. bekannt. Die Überlieferung aus jener Zeit beschreibt den Tee als Medizinalpflanze.

Die Sitte des Teetrinkens entstand erst viel später. Um 350 n. Chr. gab es in China kleinere Pflanzungen, um 800 n. Chr. begannen die Japaner mit dem Teeanbau. Die Verbreitung in alle Welt fand erst nach 1800 statt.

Der Teestrauch braucht ein warmes, aber nicht heißes Klima und hohe Luftfeuchtigkeit. Man findet ihn in Berglagen der Tropen, wo es häufig neblig ist. Die Hauptanbaugebiete befinden sich in Indien, Sri Lanka und weiteren asiatischen Staaten. Auch in Afrika und Südamerika gibt es Länder, die sich an der Teeproduktion beteiligen.

Bedeutung. Der Verbrauch ist in den Anbauländern sowie in den englischsprachigen Staaten und in Holland besonders hoch. Die Weltproduktion erreichte 1973 1,224 Mio. t. Davon lieferten Indien 0,45 Mio. t, Sri Lanka 0,29 Mio. t und China 0,2 Mio. t. Weitere bedeutende Teeproduzenten sind: Malaysia, Indonesien, Japan, Kenia, Uganda, Tansania, Malawi, Zaire, Brasilien, Mozambique. Über 80 % der Handelsware kommt aus Asien.

Morphologie. Es gibt unter den Teepflanzen eine Vielfalt von Formen, die zwei Gruppen zugehören: Der Varietät *sinensis* und der Varietät *assamica*. Ein ausgewachsener Baum wird je nach seiner Gruppenzugehörigkeit 8–15 m hoch. In den Kulturen findet man jedoch nur zurückgeschnittene, stark verzweigte Sträucher. Die Blätter, die bei dieser Pflanze besonders interessieren, sind derb, dunkelgrün und glänzend. Sie werden 8–13 cm lang und 2–4 cm breit, die zum Erntegut gehörigen Blättchen der jungen Triebe sind kleiner und noch zart. Von der Jahreszeit unabhängig sind die Teesträucher immer grün.

Anbau. Der Tee wird über Stecklinge vermehrt. Man schneidet Zweige von den Mutterpflanzen, entfernt Spitze und Basis und teilt dann in Stengelstücke mit je einem Blatt auf. Derartige Stengelstücke treiben mit der blattachselständigen Knospe aus.

Auf dem Feld lassen sich die einzelnen Sträucher kaum mehr voneinander unterscheiden: Sie bilden in 1–1,5 m Höhe eine lückenlose Fläche von Ast- und Zweigenden. Dieser Wuchs wird durch Herabbinden von Seitenzweigen der Jungpflanzen und besondere Schnittechniken (Tafelschnitt) erzielt. An der Oberseite (Tischfläche) entstehen fast ohne Unterbrechung junge Triebe, von denen man die Blätter pflückt.

Bild 31 Von den Teepflanzen gewinnt man die Triebe.

Züchtung. Die Kreuzungstechnik beim Tee ist einfach, aber ein großer Prozentsatz der Früchte fällt vor der Reife ab. Überdies kann die erste Samenernte nach der Kreuzung erst nach Ablauf von 4–5 Jahren erfolgen.

Man erhofft von den neuen Züchtungen eine Ertragssteigerung, eine Qualitätsverbesserung und Krankheitsresistenz. Sehr wesentliche Verbesserungen sind allerdings bei dieser Kulturpflanze nicht mehr zu erwarten.

Ernte. Die meisten Teeanbaugebiete sind hügelig und daher nicht für Maschineneinsatz geeignet. Eine Ausnahme stellt Georgien in der UdSSR dar, wo Teekulturen im Flachland angelegt sind.

In den großen Anbauzentren pflückt man jedoch nach wie vor von Hand, besonders dort, wo auf gute Qualität Wert gelegt wird.

Die Pflücker brechen dort selektiv die Jungtriebe mit 3–5 Blättern ab und werfen sie in große Körbe, die auf dem Rücken getragen werden. Die Tagesleistung eines Pflückers beträgt um 30 kg Frischmasse.

Erträge. In der Regel rechnen die Teepflanzer mit 10–30 dt/ha trockenem Tee. Nach intensiver Düngung und unter günstigen Kulturbedingungen ergeben sich aber auch 40 dt/ha und mehr.

Verwertung. Der Genußwert des Tees beruht auf seinem Gehalt an aromatischen ätherischen Ölen. Auch Gerbstoffe tragen zum Geschmack des Tees bei. Die anregende Wirkung verursacht das Coffein und das Theophyllin.

Die Stufen der Aufbereitung sind:

Welken: In der Teefabrik kommt das frische Blattmaterial zuerst auf Drahtgitterroste, durch die von unten heiße Luft geblasen wird. Durch diesen Vorgang verliert das Teeblatt seine ledrige Struktur und wird geschmeidig und weich.

Rollen: In den Rollmaschinen drückt ein sich exzentrisch drehender Stempel die Teeblätter gegen einen sich ebenfalls drehenden Boden. Unter dem Gewicht des Stempels (rund 300 kg) zerreißen die Blattstücke und rollen sich. Dabei werden die Zellen schonend aufgeschlossen, und der Zellsaft tritt aus.

Fermentation: Schon während des Rollens in der Maschine setzt die Fermentation ein. Die Blattstücke nehmen nun die Farbe von Kupfer an. Nach rund zwei Stunden ist die Fermentation abgeschlossen. Von der Fermentation sind vor allem die Katechine betroffen, deren Abbauprodukte für die Farbe und für den Geschmack des Tees verantwortlich sind.

Trocknung: Nun wird das fermentierte Gut auf eine Trockenstraße gebracht und in 100° C heißer Luft getrocknet. Dabei wird der Fermentationsprozeß sofort unterbrochen.

Sortieren: Elektrostatisch geladene Walzen trennen den Staub ab. Dann gibt man den Tee in einen Luftstrom, der das ganze Material wegbläst. Dabei fallen schwerere Teilchen unmittelbar hinter dem Gebläse herab, leichtere werden weiter fortgetragen. So erreicht man auf einfache Weise eine Sortierung.

Verpackung: Die verschiedenen Fraktionen werden getrennt verpackt. Als Verpackungsmaterial dienen luftdicht ausgeschlagene Holzkisten, in denen der Tee seine Geruchsstoffe behält.

Von den Käufern wird der Tee **in der Tasse** beurteilt. Nur vom Auge her kann das Material auch von Kennern nämlich nicht mit Sicherheit klassifiziert werden. Teeschmecker sind hochbezahlte Spezialisten, die den Tee nach Aussehen, Geruch und Geschmack einzuschätzen vermögen.

7.4. Der Tabak *Nicotiana tabacum*

Heimat. Die Tabakpflanze stammt aus Südamerika. Sie kommt in mehreren Arten in Bolivien, Peru und im nördlichen Argentinien wild vor. Der Kulturtabak ist amphidiploid aus *N. silvestris* x *N. tomentosiformis* hervorgegangen. Er ist nie als Wildpflanze gefunden worden.

Verbreitung. Auf dem amerikanischen Kontinent war das Rauchen lange vor der Ankunft der Europäer Sitte. Im 16. Jahrhundert begann die Ausbreitung der Tabakkultur in alle Teile der Welt, und heute wird diese Pflanze in über 100 Ländern sowohl in den gemäßigten Zonen bis 60° NB als auch in den Tropen angebaut. In den vergangenen Jahrzehnten hat der Tabakkonsum stets zugenommen. Darum sind auch Anbau und Handel immer wichtiger geworden.

Bedeutung. Tabak greift wie wenige andere Pflanzenprodukte ins menschliche Dasein ein: Er spielt eine gewichtige Rolle im Haushalt vieler Staaten (Steuereinnahmen), in Landwirtschaft, Industrie, Handel und Werbung. Er gibt Beschäftigung für Millionen von Menschen und gefährdet die Gesundheit von Hunderten von Millionen Rauchern in aller Welt. Ob aktiv oder passiv, jedermann kommt mit Rauch in Berührung.

Die Bedeutung des Tabaks kommt auch in den folgenden statistischen Angaben deutlich zum Ausdruck: 1978 wurden in den USA 695 Milliarden Zigaretten hergestellt und 605 Milliarden davon im Land geraucht. Verteilt man diese Menge auf alle Amerikaner im Alter von über 18 Jahren, erhält man 3970 Zigaretten pro Kopf und Jahr! Dem Staat flossen im selben Zeitraum 85 Milliarden Dollar in Form von Steuern zu.

Die Weltproduktion beläuft sich (1978) auf 5,5 Mio. t. Davon kommen 2,5 Mio. t aus Asien und 1,2 Mio. t aus Nordamerika. Die wichtigsten Produzenten sind China (975 000 t) und die USA (910 861 t). Meist wird die Ernte zum überwiegenden Teil im Produktionsland verbraucht.

Zu den wichtigsten Exporteuren gehören die USA (0,29 Mio. t), Brasilien (0,10 Mio. t), Indien (0,075 Mio. t), Bulgarien (0,068 Mio. t), die Türkei (0,061 Mio. t) und Senegal (0,060 Mio. t). Importeure waren die Bundesrepublik Deutschland (0,17 Mio. t), England (0,14 Mio. t), die USA (0,13 Mio. t), Japan, die UdSSR und die Niederlande.

Bild 32 Die Qualität der Tabakblätter ist unterschiedlich. Die hochwertigen Blätter wachsen unterhalb der Mitte.

Morphologie. In der Kultur wächst Tabak einjährig; er ist aber in den Tropen mehrjährig. Der 2–3 m hohe Stengel trägt drüsig behaarte Blätter. Bei *N. tabacum* sind die Blätter ungestielt, eiförmig und bis 50 cm lang. Eine Pflanze kann 20–30 Blätter hervorbringen. Endständig befindet sich eine Rispe mit röhrenförmigen, 5-zipfligen, rosa gefärbten Blüten. Aus den Blüten entwickeln sich Kapseln, die 2000–8000 sehr kleine Samen enthalten. Diese Samen liefern ein Fett, das zu Speiseöl verarbeitet werden kann.

Anbau. Man sät gebeiztes Saatgut in Pflanzbeete mit steriler Erde. Die Setzlinge kommen nach 40–60 Tagen auf das Feld. Die Pflanzarbeiten werden von Hand oder mit Maschinen ausgeführt. In der Wachstumsphase muß man den Boden lockern und von Unkraut freihalten. Besondere Aufmerksamkeit verlangt die **Düngung.**

Gibt man zuviel Stickstoff, enthalten die Blätter einen hohen Anteil an Eiweiß. Dann glimmt der Tabak schlecht und stinkt überdies. Auch Chlor in salzhaltigen Böden schädigt die Blattqualität schwer. Hingegen ist ein hoher Kaligehalt für die Glimmeigenschaft des Tabaks von Vorteil.

Um die Pflanzen zu einer höheren Blattproduktion anzuregen, schneidet man bei den dunklen Tabaksorten den sich entwickelnden Blütenstand ab. Dann bilden sich Seitentriebe (Geizen), die ebenfalls abgetrennt werden müssen. Die Tabakproduktion erfordert also einen hohen Anteil an Handarbeit. Es sind deshalb zumeist Kleinbetriebe, die Tabak produzieren.

Züchtung. Einen großen Erfolg erzielten die Pflanzenzüchter, als sie die Resistenz gegen den Tabakmosaikvirus von *N. glutinosa* auf *N. tabacum* übertragen konnten. Auch heute konzentriert sich die Pflanzenzüchtung auf die Schaffung krankheitsresistenter Sorten. Ein weiteres Ziel ist es, nikotinarme bzw. nikotinfreie Pflanzen zu züchten, die die geschmacklichen Eigenschaften der heutigen Sorten beibehalten.

Ernte. Sobald die Blätter vergilben, kann die Ernte beginnen. Wegen der unterschiedlichen Qualitäten der Blätter sind mehrere Durchgänge nötig. In einem ersten Durchgang pflückt man die Sandblätter am unteren Teil der Pflanze und später die nach oben anschließenden »Gumpen«. Nach Ablauf von 10–12 Tagen erntet man das Hauptgut, d. h. die mittleren Blätter. Schließlich können in einem weiteren Arbeitsgang die obersten Blätter einschließlich der Blätter der Achselsprosse (Geiztabak) gesammelt werden, die jedoch nur noch minderwertige Ware abgeben. Nach dem Pflükken muß man die Blätter in unseren Breiten abwelken lassen und zieht sie darauf zum Trocknen so auf einen Faden, daß sie sich gegenseitig nicht berühren. Dann hängt man sie in Scheunen auf und läßt sie trocknen.

Erträge. Die Ertragswerte sind regional und in Abhängigkeit von der Sortenwahl stark verschieden. Geringe Erträge liegen bei 4 dt/ha, sehr hohe erreichen 30 dt/ha.

Verwertung. Die Tabakaufbereitung gliedert sich in folgende Teilschritte:

Trocknung: Die Trocknung im Schatten dauert mehrere Wochen. In den heißen Anbauzonen läßt sich der Prozeß an der Sonne stark beschleunigen. Bei sehr hohem Produktionsanfall zieht man die schnelle Methode der Röhrentrocknung vor, die nur 4–5 Tage dauert und den hellbraunen

Virginiatabak ergibt. Mit dem Erreichen von 10% Wassergehalt ist der Trocknungsprozeß abgeschlossen.

Fermentation: Die zu Büscheln gebündelten Blätter (40 pro Büschel) werden anschließend zu großen Haufen gestapelt. Nun vollzieht sich bei 50–60° C die Fermentation. Die Temperatur wird genau überwacht. Erhitzt sich das Blattgut zu stark, schichtet man sofort um. Liegt die Temperatur zu tief, heizt man die Luft in den Fermentationsräumen mit kleinen Öfen. Bei der Gärung werden die Kohlenhydrate der Blätter von Mikroorganismen veratmet und die Eiweiße, Pektine und andere Inhaltsstoffe abgebaut. Bei diesem Vorgang entsteht das Aroma.

Schneiden: Für die Zigaretten- und Pfeifentabak-Herstellung wird das Material fein zerschnitten. Deckblätter für Stumpen usw. werden angefeuchtet und ungeschnitten um den Einlagetabak gerollt.

Mischen: Die geschmacklichen Unterschiede zwischen den Zigarettenmarken beruhen auf der Vielfalt von möglichen Mischungsverhältnissen von Tabak verschiedener Provenienzen. Auch Pfeifentabake sind in der Regel Mischungen.

Sossieren: Der Geschmack kann mit ätherischen Ölen, Sorbitol, Cumarin, Gewürzen u. a. verändert werden.

Verarbeitung zum Endprodukt: Je nach Verwendungsart als Zigaretten oder Zigarren, Pfeifentabak, Schnupf- oder Kautabak erfährt das Rohmaterial eine maschinelle Verarbeitung (Zigarettenmaschine), eine solche von Hand (Zigarren) oder wird direkt abgepackt (übrige). Die Verpackung muß luftdicht sein, damit der Tabak seine Geschmacksstoffe nicht verliert.

8. Gewürze

8.1. Allgemeines

Gewürze können unter bescheidenen Platzverhältnissen angebaut werden und bedürfen keinerlei technischer Einrichtungen. Sie lassen sich auch ohne Schwierigkeiten transportieren. Man baut sie deshalb zum größten Teil auf Inseln an. Als »Gewürzinseln« bekannt sind z. B.: die ostafrikanischen Inseln Sansibar, die Komoren, Madagaskar und Mauritius, die asiatischen Inseln Sri Lanka, Penang, Sumatra, Java, die Molukken, Bali u. a. oder die vor dem amerikanischen Kontinent liegenden Inseln Jamaica, Puerto Rico, die französischen Antillen u. a. Aber auch auf dem Festland gibt es Gewürzplantagen, z. B. in Mexiko, Brasilien, Indien, Tansania u. a. Der Wert der Gewürze liegt in ihrem angenehmen Geschmack und der anregenden Wirkung, die sie auf die Darmtätigkeit ausüben.

8.2. Die Gewürznelke *Synzygium aromaticum*

Der Gewürznelkenbaum stammt von den Molukken und den benachbarten Inseln. Die Weltproduktion von ca. 30 000 t wird zur Hauptsache in Indonesien, Tansania, Madagaskar, Sri Lanka und Brasilien erzeugt. Blätter und Blüten dieser Bäume enthalten das Eugenol und einige weitere ätherische Öle, die in ihrer Gesamtheit den besonderen Geruch ausmachen.

Zur Ernte klettern junge Männer in die Baumkronen und schlagen mit langen Stöcken die Blüten ab. Frauen und Kinder sammeln das Erntegut am Boden. Anschließend werden die Nelkenblüten getrocknet und nach Qualität sortiert.

Der größte Verbraucher für Gewürznelken ist Indonesien, wo gemahlene Nelken dem Tabak beigemischt und geraucht werden. In Europa verwendet man Nelken in der Lebensmittelindustrie zum Würzen von Wurst- und Backwaren, in der Medizin zur Herstellung von Antiseptikum und Aromatikum sowie in der Kosmetikindustrie als Bestandteil von Parfum und Seifen.

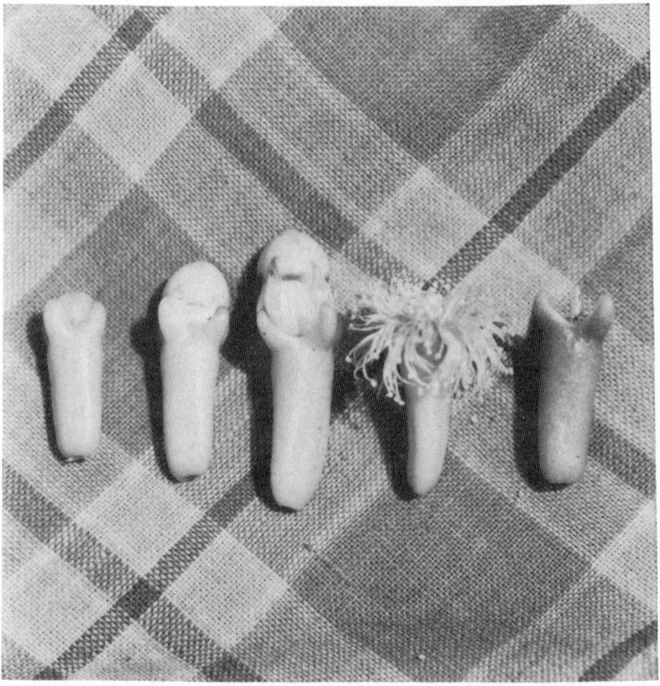

Bild 33 Gewürznelken wachsen auf 20–30 m hohen Bäumen und werden mit langen Stöcken von den Zweigen geschlagen. Das Bild zeigt die Blütenstadien: links die Knospe. Beim Aufblühen drücken die Staubblätter die Krone weg, entfalten sich und fallen dann ab. Der Blütenstiel rechts im Bild weist den höchsten Anteil an Eugenol auf.

8.3. Die Vanille *Vanilla planifolia*

Madagaskar, die Komoren, Réunion, Mexiko und Indonesien produzieren die 1 500 t Vanille-Weltproduktion. Die Gewürzpflanze Vanille gehört der Familie der Orchideen an und bildet ornamentale Blüten. Man läßt sie in Plantagen an Bäumen emporklettern. Die Blüten müssen in asiatischen Anbaugebieten, wo die natürlichen Bestäuber (bestimmte Arten von Bienen und Kolibris) fehlen, von Hand bestäubt werden. Die geernteten Früchte (Kapseln) durchlaufen einen Fermentationsprozeß, bei dem sich der

Bild 34 Die Vanille klettert an Stangen oder an Stämmen von Schattenbäumen empor. Aus ihren Blüten entwickeln sich nach künstlicher Bestäubung die »Vanille-Schoten«.

Aromastoff Vanillin bildet. Vanillin läßt sich auch künstlich aus Lignin herstellen, hat dann aber nicht genau denselben Geschmack wie dasjenige der Vanillefrucht. Daher konnten sich die Vanillepflanzungen bis heute halten.

8.4. Der Pfeffer *Piper ssp.*

Die wichtigste der verschiedenen Pfefferarten heißt *Piper nigrum*, schwarzer Pfeffer. Die Weltproduktion wird auf rund 0,1 Mio. t geschätzt. In den Handel kommt dieses Produkt aus Malaysia, Indien, Indonesien und Brasilien. Pfeffer wächst als Kulturpflanze an Stangen oder Bäumen hochgezogen bis 4–5 m Höhe. Die

Bild 35 In dieser indonesischen Plantage läßt man den Pfeffer an den Stämmen von Kapokbäumen hochwachsen und erntet ihn von hohen Bambusleitern aus.

Früchte, rote Beeren, sind in hängenden Ähren angeordnet. Der Pfeffer wird von Leitern aus gepflückt und dann getrocknet oder fermentiert. Nach dem **Trocknen** ist das Korn schwarz gefärbt, durch das **Fermentieren** wird es weiß. Das Korn enthält nach beiden Aufbereitungsprozessen **Piperin**, der weiße Pfeffer schmeckt infolge des höheren Gehaltes aber schärfer. In den Pfefferfabriken trennt man Staub, Kies und taube Körner ab und sortiert nach Größe, indem man die Körner auf spiraligen »Rutschbahnen« hinabrollen läßt. Das gereinigte Gut wird in Säcke abgefüllt und verschifft.

Bild 36 Vom Zimtbaum gewinnt man die Äste, von denen man die zimtölhaltige Rinde ablöst. Die Frau im Bild säubert die 70 cm langen Rindenstücke und rollt sie nachher zur Fermentation ein.

8.5. Der Zimt *Cinnamomum ssp.*

Der Zimtbaum hat seine Heimat in Südindien und Sri Lanka. In die Zimtproduktion teilen sich heute Sri Lanka, die Seychellen, Madagaskar und Brasilien. Man unterscheidet den Ceylon-Zimt *(Cinnamomum zeylanicum)* und Kassia *(C. aromaticum syn. cassia).* Von beiden Pflanzen gewinnt man die zimtölhaltige Rinde, die sorgfältig von den abgeschnittenen Ruten entfernt werden muß. Die Rindenstücke werden geschält und zur Fermentation eingerollt. Vor dem Verkauf zersägt man die Rinden in ca. 10 cm lange Stücke. Das Zimtöl enthält Zimtaldehyd und Eugenol und findet nicht nur als Gewürz in der Nahrungsmittelindustrie, son-

Bild 37 Hopfen zieht man an Stangen und Drähten. Die Pflanze kann über vier Meter hoch werden.

dern auch in der Medizin, Pharmazie, Riechstoff- und Seifenindustrie Verwendung.

8.6. Der Senf *Sinapis alba*

Senfpflanzen werden in Rußland, Italien und Rumänien, Holland, Frankreich und Deutschland angebaut. Man gewinnt die Samen. Zu Pulver zerstoßen ergeben sie das Senfmehl. Diesen Rohstoff mischt man mit Essig, Wein, Salz und weiteren Gewürzen zu Tafelsenf.

8.7. Der Hopfen *Humulus lupulus*

Der Hopfen wird zur Bierherstellung gebraucht. In den Pflanzungen rankt sich der zweihäusige Hopfen an Stangen und Drähten bis auf eine Höhe von 4–5 m empor. Weil nur die unbefruchteten weiblichen Blüten einen hohen Gehalt an Bitterstoffen bilden, merzt man sorgfältig alle männlichen Pflanzen aus der Kultur aus. Die weiblichen Blüten stellen das Erntegut dar: Sie enthalten Lupulin, d.h. Hopfenbitter, -harz und -öl. Diese Stoffe erhöhen die Haltbarkeit und verleihen dem Bier gleichzeitig den besonderen Geschmack.

9. Faserpflanzen

9.1. Allgemeines

Die aus Pflanzenfasern hergestellten Gewebe gehören zu den Grundbedürfnissen der zivilisierten Menschen. Die Kenntnisse über die Gewinnung und Verarbeitung von Fasern sind deshalb so alt wie die Zivilisation. Aus einer ganzen Anzahl von verwendeten Faser-Arten entwickelte sich die Baumwollfaser zur unbestritten wichtigsten Faser des Industriezeitalters, weil sie sich für die maschinelle Verarbeitung besonders gut eignet. Nach der Erfindung der Spinnmaschine (1767), des mechanischen Webstuhls (1786) und der Entkörnungsmaschine (1793) erfolgte der wirtschaftliche Aufschwung der Baumwolle, der sowohl den Agrarstaaten als auch den Industrienationen Arbeit und Devisen brachte. Mit dem Aufkommen der Synthesefasern in den letzten Jahrzehnten erfuhr die Nachfrage nach Baumwolle eine Einschränkung. Die Kunstfaser wird die Naturfaser jedoch kaum verdrängen können; denn die Baumwollfaser hat einen komplizierten Aufbau, der ihr ihre hervorragenden Eigenschaften (vgl. unter 9.2.9.) verleiht, und dessen künstliche Nachahmung sich nicht lohnen würde.

Die übrigen Pflanzenfasern spielen neben der Baumwolle eine untergeordnete Rolle. Zusammengerechnet erreicht ihre Produktion rund die Hälfte derjenigen von Baumwolle. Diese Fasern lassen sich zu grobem Gewebe für Sackstoff, zu Teppichen, Seilen u. a. verarbeiten.

9.2. Die Baumwolle *Gossypium ssp.*

Heimat. Die Baumwollpflanze wurde auf dem amerikanischen Kontinent wie auch in Eurasien seit frühester Zeit genutzt. Älteste Funde datieren 5000 Jahre zurück. Die heutigen tetraploiden Kulturbaumwollarten lassen sich auf mehrere Wildarten zurückführen.

Verbreitung. Der Baumwollanbau ist in tropischen und subtropischen Klimaten verbreitet. Die größten Anbaugebiete befinden sich in der UdSSR, in den USA, in China, Indien und Brasilien.

Bedeutung. Baumwolle ist fast so bedeutend wie die Grundnahrungsmittel. Dementsprechend wichtig sind Produktion und Handel. Die Weltproduktion beträgt über 14 Mio. t. Davon erzeugen die UdSSR 3,1 Mio. t, die USA 2,7 Mio. t, China 2,3 Mio. t und Indien 1,5 Mio. t. Dann folgen Brasilien, Pakistan und die Türkei mit ca. 0,6 Mio. t, Ägypten mit 0,4 Mio. t und Mexiko mit 0,3 Mio. t. Die Hauptexporteure sind die USA (1,3 Mio. t), die UdSSR (1,1 Mio. t) und die Türkei (0,3 Mio. t). Alle Länder ohne eigene Produktion importieren diesen wichtigen Rohstoff.

Morphologie. Die wirtschaftliche Nutzung konzentriert sich auf vier Arten:

- *G. herbaceum* aus Zentralafrika hat 6–8-zähnige Blütenhüllblätter (Brakteen) und kugelige Früchte.
- *G. arboreum* stammt aus dem indisch-persischen Raum, ist mehrjährig, hat 3–4-zähnige Blütenhüllblätter und längliche, spitz zulaufende Früchte.
- *G. hirsutum* kommt aus Guatemala und Mexiko und weist von der Columna abstehende Staubblätter auf. Es ist die am häufigsten kultivierte Art.
- *G. barbadense* war in den pazifischen Küstenebenen Südamerikas beheimatet und ist an den Staubblättern, die ein kompaktes Büschel bilden, zu erkennen.

Die an trockene Standorte angepaßte Baumwolle bildet eine tiefgründige **Pfahlwurzel**, die sich erst in 2–3 m Tiefe verzweigt. Aus diesem Grunde darf der Pflanzer mit schweren Maschinen in die Plantagen einfahren; er schädigt dabei die Wurzeln nicht.

Die **Blätter** unterscheiden sich bei den verschiedenen Arten, sind aber stets gestielt und 3–5- oder 7fach gelappt. Sie enthalten das Alkaloid Gossypol, sind also giftig und können deshalb nicht als Viehfutter verwendet werden.

Die **Blüten** sind von großen Hüllblättern geschützt. Beim Aufblühen am Morgen sind die Kronblätter blaßgelb, bis zum Abend verfärben sie sich purpurn.

Der Fruchtknoten setzt sich aus 2–5 Fruchtblättern zusammen, die Fächer umschließen. Bei den reifen Früchten enthalten diese Fächer je 5–10 behaarte, 8 × 5 mm große Samen. Die in den Samen enthaltenen Kotyledonen bestehen zu 15–20% aus Eiweiß und zu 20% aus Öl. Die Oberhaut der Samenschale bildet bis 30 mm lange, verspinnbare Fasern und einen 1–3 mm langen Filz (Linters). Die Zellwände der Faserzellen wachsen von innen her durch unregelmäßige Zelluloseanlagerung. Weil diese Anlagerungen unterschiedlich dick sind, verkrümmt und verdreht sich die Faser beim Austrocknen und wird dabei verspinnbar. Durch den schichtweisen Bau der Wand und den Hohlraum im Innern der Faser (Zell-Lumen), der vom abgestorbenen Zellplasma herrührt, ergibt sich die enorme Saugkraft der Baumwollfaser.

Bild 38 Die Pflanzenzüchter haben die ursprünglich buschige Baumwolle in eine schmale Staude verwandelt, die sich gut mit Maschinen beernten läßt.

Anbau. Die Aussaat erfolgt maschinell. Während des Aufgehens der Saat benötigen die Kulturen Düngung und Unkrautbekämpfung. Nach 6 Wochen beginnt die 5–6 Wochen dauernde Blütezeit.

In diesem Entwicklungsstadium ist die Anfälligkeit der Pflanzen für Schädlingsbefall am höchsten. Verschiedene Raupen fressen die Trieb- und Blütenknospen und verursachen große Verluste, denn als Folge davon kommt es selbstverständlich weder zur Frucht- noch zur Samenbildung. Um jedem Aufkommen von Schädlingen vorzubeugen, spritzt man die Felder alle drei Tage mit Insektiziden. Meist setzt man Flugzeuge mit Sprühvorrichtungen ein, die aus nur 3–4 m Höhe die Schutzstoffe anbringen.

Die Kapseln benötigen bis zur Reife ungefähr 50 Tage. Beim Austrocknen reißen sie auf, und die weißen Samenhaare quellen hervor. In Gebieten mit Handernte pflückt man in mehreren

Durchgängen nur die vollreifen Kapseln. Vor der maschinellen Ernte sprüht man Entlaubungsmittel, die alle Kapseln zum Aufspringen bringen und damit die Ernteausbeute erhöhen.

Züchtung. Die Züchter versuchen, Pflanzen mit mehr Fruchtansatz und mehr Fasern pro Kapsel zu erzeugen. Ferner interessiert die Verbesserung der Qualität der Faser, hauptsächlich im Hinblick auf die maschinelle Verarbeitung. Eine wesentliche Rolle spielen Länge, Uniformität, Reißfestigkeit, Seidigkeit, Spinnfähigkeit, Bleichfähigkeit, Färbbarkeit, Waschfestigkeit und Scheuerfestigkeit. Ein weiteres Zuchtziel ist die Krankheitsresistenz.

Von den gewaltigen Fortschritten, die bereits erzielt werden konnten, seien hier nur die wichtigsten erwähnt:

- Pflanzen ohne Nektarien üben eine geringere Anziehungskraft auf Insekten aus und sind daher überlegen. Es gibt »nectaryless«-Varietäten, die von der hawaiianischen *G. tomentosum* abgeleitet werden konnten.
- Die Varietät »Stoneville Frego« besitzt tief gelappte Blätter und ist weniger anfällig auf Pilzkrankheiten, weil sie besser durchlüftet wird.
- Um die Maschinenernte zu erleichtern, sind besonders schlanke Pflanzen entwickelt worden (z.B. Lockett 4789 A), die die Früchte entlang des Stammes bilden und sie gleichzeitig reifen lassen.
- Eine neue Sorte enthält kein Gossypol und ist daher nach der Ernte als Viehfutter verwertbar.
- Die Upland-Sorten Deltapine, Stoneville und Acala wachsen bis auf 1000 m Höhe. Dank der Upland-Sorten konnten große, hochgelegene Gebiete für den Baumwollanbau erschlossen werden.

Ernte. Für die Handernte eignen sich die buschigen Sorten besonders gut, die ausgesprochen hohe Erträge liefern. Das Handerntegut gilt als sauber und deshalb qualitativ hochwertig.

Maschinen ernten nebst den Früchten auch Stengel- und Blattstücke, haben jedoch ein sehr hohes Arbeitstempo und sind insbesondere in denjenigen Anbaugebieten unerläßlich, die wegen ihrer Dimensionen und des Mangels an verfügbaren Arbeitskräften anders nicht genügend rasch beerntet werden könnten.

Erträge. Die Höchsterträge für Baumwolle liegen bei 13–14 dt/ha. In den meisten Anbaugebieten liegen die Werte jedoch deutlich tiefer und erreichen kaum 5 dt/ha.

Bild 39 In industrialisierten Ländern mit Baumwollanbau ernten große Maschinen die Felder in kurzer Zeit ab.

Verwertung. In der Entkörnungsanlage säubert ein ganzes System von Walzen mit Bürsten und Kämmen die Wattebäuschchen von Staub, Blättern und Stengeln. Dann kann der schwierige Schritt der Trennung von Samen und Samenhaaren erfolgen. Preßluft befördert die Fasern zur Abfüllanlage, die die Baumwolle hydraulisch zu Ballen von rund 250 kg preßt. Die entfaserten Samen fallen durch ein Gitter und werden gesammelt. Die ihnen noch anhaftenden, samtartigen kurzen Fasern (Linters) werden in einem 3–5-minütigen Schwefelsäurebad (50 %) abgelöst. Man gewinnt so chemisch reine Zellulose, die als Ausgangsmaterial für die Herstellung von Kunstfasern (Viscose, Zellulosenitrate, Zelluloseacetate), Filzwaren, Papier, Preßgewebe und photographischen Artikeln dient.

Anschließend wird die den Samen anhaftende Säure in einem Sodabad neutralisiert. Ein Teil der Samen ist als Saatgut bestimmt. Der Rest wird der Ölmühle zugeführt. Dort wird das Rohöl aus den Samen abgepreßt und raffiniert, d. h. mit Natron neutralisiert, dann gewaschen, getrocknet und gebleicht. Es folgt eine Vakuumdestillation, die eine Abtrennung der Geruchsstoffe bezweckt. Zur Margarineherstellung wird hydriert (gehärtet), nachgebleicht und anschließend kristallisiert. Das Öl, das die Raffinerie verläßt, findet als Speiseöl, Brennöl oder als Ausgangsstoff für die Herstellung von Kerzen oder Kosmetika Verwendung.

9.3. Die Jute *Corchorus ssp.*

Die Jute stammt aus dem Raum Indien/Bangladesch/Burma und wird in diesen Gegenden und in China kultiviert. Versuche, die Pflanze in Südamerika anzusiedeln, sind bislang fehlgeschlagen. Von den 2,5 Mio. t Weltproduktion kommen je 1 Mio. t aus Indien und Bangladesch, 0,2 Mio. t aus China und geringere Mengen aus Burma, Nepal und Thailand. Jute ist nach der Baumwolle die wirtschaftlich bedeutendste Naturfaser. Die einjährige, schnellwüchsige Pflanze bildet einen ca. 4 m langen Stengel, dessen Rinde fast durchgehende Sklerenchymfasern aufweist. In den Kulturen ist die Bildung von Seitentrieben unerwünscht, weil diese nur kurze Fasern enthalten würden. Deshalb sät man so dicht aus, daß nur die Hauptstengel aufwachsen.

Die Ernte beginnt nach dem Abblühen und erfolgt mit Sicheln von Hand. Die Erträge sind mit 15–30 dt/ha recht hoch.

Die zu Bündeln gefaßten Stengel werden unter Wasser gelagert. Man nennt diesen Vorgang »Wasserrösten«. Nach 8–10 Tagen holen die Arbeiter die Bündel aus dem Wasser und entfernen die Rinde von Hand. Durch Brechen, Kämmen und Bürsten wird die Faser gesäubert. Die Jutefaser gehört zu denjenigen Kulturpflanzenprodukten, die einen außerordentlich hohen manuellen Arbeitseinsatz verlangen.

Die 1,5–2,5 m langen Sklerenchymstränge zeichnen sich durch ein großes Wasserabsorptionsvermögen und eine gute Färbbarkeit aus, lassen sich hingegen schlecht bleichen und sind wenig reißfest. Man verwendet die Jute hauptsächlich zur Herstellung von Sackstoff, Teppichgrundgewebe und Polstermöbeln.

Bild 40 Jute wird vor allem in den subtropischen und tropischen Gebieten Asiens im Kleinbetrieb angebaut.

9.4. Weitere Faserpflanzen

Flachs oder **Lein** *(Linum usitatissimum)* eignet sich nicht nur als Ölpflanze, sondern auch als Faserproduzent. Er wird heute noch in der UdSSR angebaut. Die langen Fasern des **Hanf** *(Cannabis sativa)* gelten als reißfest und wasserresistent.

Die **Sisalagave** *(Agave ssp.)* gedeiht in trockenen Gebieten und bildet faserhaltige Blätter.

Die **Ramie** *(Boehmeria ssp.)* ist hauptsächlich in Ostasien verbreitet und hat einen faserhaltigen Stengel.

Ebenfalls von Bedeutung im Welthandel ist die **Abaca** oder **Faser-**

Bild 41 Lein ist dem Menschen seit mehreren Jahrtausenden als Öl- und Faserpflanze bekannt.

banane *(Musa textilis)*, die in ihrem Scheinstamm eine seewasserbeständige Faser bildet, die zu Fischernetzen und Schiffstauen verarbeitet wird. Das Anbauzentrum befindet sich auf den Philippinen.

Von der **Kokospalme** *(Cocos nucifera)* erhält man eine kurze, aber äußerst dauerhafte Faser, die sich zu Türmatten und Läufern verarbeiten läßt. Die Fasern stammen aus dem grünen Hüllgewebe (Mesokarp) der Kokosnuß. Schließlich sei noch der **Kapokbaum** *(Ceiba pentandra)* erwähnt, dessen bauchige Früchte Fasern enthalten, die als Füllmaterial für Matratzen und Polster geeignet sind.

Bild 42 Die Sisalagaven bilden fleischige Blätter mit vielen reißfesten Fasern. Das Wegschneiden der Blätter schädigt die Pflanzen nicht; sie bilden an ihrer Vegetationsspitze laufend neue Blätter aus.

10. Kautschuk liefernde Pflanzen

10.1. Der Kautschukbaum *Hevea brasiliensis*

Heimat. Der stattliche Baum stammt aus Brasilien. Im südlichen Teil des Amazonasbeckens kommt eine ganze Anzahl naher Verwandter vor, die ebenfalls Kautschuk liefern.

Verbreitung. Die Zentren des Kautschukanbaus befinden sich in Malaysia, Indonesien, Thailand, Sri Lanka und in Brasilien, Peru und Bolivien. Auch in Zentralamerika (Mexiko und Guatemala) und in Afrika (Nigeria, Liberia, Kongo, Kamerun, Elfenbeinküste) und schließlich in Ozeanien findet man Kulturen.

Bedeutung. Rund 90% der Weltproduktion von über 3 Mio. t entfallen auf Asien, und dort wiederum ist Malaysia der wichtigste Produzent. Kautschuk ist ein Welthandelsgut von außerordentlicher Bedeutung.

Der Bedarf an Kautschuk ist heute so groß, daß die Produktion von Kunst- und Naturkautschuk nebeneinander existieren können. Anteilmäßig wird heute mehr Kunstkautschuk verbraucht; er entspricht in allen Belangen dem natürlichen Kautschuk. Seit dem stetigen Ansteigen der Preise für Erdöl, dem Ausgangsstoff für die Herstellung von Kunstkautschuk, hat der Anbau von Naturkautschuk wieder einen starken Aufschwung genommen.

Morphologie. Der Parakautschukbaum wird 20–30 m hoch und bildet eine starke Pfahlwurzel, einen kräftigen Stamm und eine breite Laubkrone. Die Blätter sind langgestielt und aus drei Teilblättern zusammengesetzt. Die Blüten sind getrenntgeschlechtig, die Früchte dreifächerige Kapseln. Die Samenhaut weist Flecken auf, anhand derer man die Klonzugehörigkeit bestimmen kann.

Anbau. Ein Kautschukbaum wirft nach einer 6–7-jährigen Wachstumszeit den ersten Ertrag ab. Aus diesem Grunde darf nur erstklassiges Pflanzmaterial zur Anlage einer Plantage verwendet werden. Zur Gewinnung dieses wertvollen Pflanzgutes wendet man die Okulation oder die Stecklingsvermehrung an. Zu den Unterhaltsarbeiten in den Plantagen gehören Düngung, Unkrautkontrolle und Krankheits- sowie Schädlingsbekämpfung.

Bild 43 In dieser gut geführten Kautschukplantage sind die Bäume in Abständen von acht Metern ausgepflanzt und bilden ein lückenloses Blätterdach.

Züchtung. Weil erst bei den ausgewachsenen Bäumen die Ertragsbildung mit Sicherheit feststellbar ist, müssen die Arbeiten der Züchter in den Baumkronen vorgenommen werden.

Zu den wichtigsten Zuchtzielen gehören die Verbesserung der Latexführung sowie die Krankheitsresistenz der Pflanzen.

Ernte. Sobald die Kautschukbäume einen Stammumfang von 50–70 cm erreicht haben, kann mit der Ernte begonnen werden. Der kautschukhaltige Milchsaft, den man auch Latex nennt, ist das Ernteprodukt des Baumes und in Röhren der Rinde enthalten. Um ihn zu gewinnen, schneidet man eine von der Horizontalen leicht abfallende Kerbe in die Rinde. Aus dieser Wunde tritt sofort nach

Bild 44 Der Latex (Kautschukmilch) quillt aus der frisch angeschnittenen Rinde des Kautschukbaumes. Die tägliche Ausbeute füllt das Schälchen etwa zur Hälfte.

dem Schnitt Milchsaft aus und rinnt in der Kerbe nach unten in ein Auffangschälchen.

Etwa 6 Stunden lang nach dem Schnitt tropft Latex in die Auffangschälchen. Dann versiegt der Strom, weil die Kautschukmilch die Poren verstopft. Nun sammelt der Erntearbeiter in einem zweiten Durchgang den Latex in Eimern und bringt ihn zu Tankwagen, die das Erntegut in die Aufbereitungsstelle transportieren.

Dort läßt man die frische Kautschukmilch in große Bottiche fließen, siebt und setzt Ameisen- oder Essigsäure zu, um die Koagulation einzuleiten. Anschließend unterteilen Arbeiter die Bottiche mit Aluminiumplatten in einzelne Fächer. So gerinnt der Kautschuk in Plattenform. Die Platten werden mehrere Male gewaschen und später getrocknet, wobei sie zu dünnen Fellen zusammenschrumpfen. Dieses Produkt nennt man »Sheet«. Diese Sheets können zu Ballen gepreßt oder in Kisten abgefüllt in den Export gelangen.

Erträge. In Malaysia erntet man um 30 dt/ha. Dieser Wert gilt aber als sehr hoch. Im Durchschnitt rechnet man mit 20 dt/ha.

Verwertung. Im Rohzustand ist der Kautschuk plastisch, löslich in Benzin, Benzol oder Chloroform, in der Wärme wird er klebrig und weich. Durch Vulkanisation, d. h. Einarbeiten von Schwefel zu 1–70 % bei 120–180 °C wird der Kautschuk elastisch, unlöslich in Wasser und organischen Lösungsmitteln und beständig gegenüber vielen Chemikalien. Zur Herstellung von Schläuchen, Dichtungen, Reifen, Schuhsohlen, Walzen, Treibriemen u. a. setzt man oft Zinkweiß, Ruß oder Antimonsulfid (Ziegelrot) als Farbstoffe zu.

Kautschuk besteht chemisch aus langen Kettenmolekülen mit einer Molekularmasse von 350 000. Diese Ketten sind Polymere des Isoprens. Beim Vulkanisieren wird der Anteil der seitlichen Verknüpfung der Ketten durch »Schwefelbrücken« erhöht. Die Ketten werden dann gezwungen, nach einer Deformation in die alte Lage zurückzukehren.

10.2. Weitere Kautschuk liefernde Pflanzen

Es sind mehr als 1000 Pflanzen bekannt, die einen kautschukhaltigen Milchsaft führen. Angesichts der großen Konkurrenz durch Parakautschuk und Kunstkautschuk lohnt sich allerdings die Ausbeutung dieser Pflanzen unter den gegenwärtigen Bedingungen nicht.

Literatur

Abernathy, J. u. a.: Control of Volunteer Sunflower in Rotational Crops. Texas Agricultural Experiment Station 1977

Barthold, A.: King Cotton fights back. Sandoz Bulletin 44, Basel 1977

Biological Science, An Inquiry into Life. Harcourt, Brace, Jovanovic, New York 1980

Brigham, R.: Castorbeans, Texas Agricultural Progress, Vol. 9 1963

Brücher, H.: Tropische Nutzpflanzen. Springer, Berlin 1977

Büttiker, W.: Praktische Warenkunde. Rascher, Zürich 1964

Ciba-Geigy Agrochemicals: Citrus, Basel 1975

Ciba-Geigy Agrochemicals: Cotton, Basel 1972

Ciba-Geigy Agrochemicals: Rice, Basel 1969

Esdorn, I., Pirson, H.: Die Nutzpflanzen der Tropen und Subtropen in der Weltwirtschaft. Gustav Fischer, Stuttgart 1973

FAO: Production Yearbook, Bd. 32, FAO, Rom 1978

FAO: Trade Yearbook, Bd. 32, FAO, Rom 1978

Fincke, H., Kleinert, J., Lange, H.: Handbuch der Kakaoerzeugnisse. Springer, Berlin 1965

Fischbeck, G., Heyland, K., Knauer, N.: Spezieller Pflanzenbau. Ulmer, Stuttgart 1975

Franke, G.: Nutzpflanzen der Tropen und Subtropen, Band 1 und 2. Hirzel, Leipzig 1976

Freye, H. A.: Kompendium der Humanökologie. VEB Gustav Fischer, Jena 1978

Funkkolleg Biologie, Deutsches Institut für Fernstudien. Beltz, Weinheim 1974

Geisler, G.: Pflanzenbau in Stichworten, Band 1: Die Kulturpflanzen. Hirt, Kiel 1970

Götz, A., Konrad, J.: Pflanzenbau. Ulmer, Stuttgart 1978

Gottschalk, W.: Mutationen. Deutsche Verlags-Anstalt, Stuttgart 1974

Heimann, W.: Lebensmittelchemie. Steinkopff, Darmstadt 1976

Hoffmann, W., Mudra, A., Plarre, W.: Lehrbuch der Züchtung landwirtschaftlicher Kulturpflanzen, Band 1 und 2. Parey, Berlin 1970/71

Instituto Salvadoreño de investigaciones del cafe: Boletin Informativo. Santa Tecla, El Salvador 1956–1974

International Rice Research Institute: International Rice Research Letter. Los Baños, Philippines 1974–1979

International Rice Research Institute: Major Research in Upland Rice. Los Baños, Philippines 1975

International Rice Research Institute: Research Highlights. Los Baños, Philippines 1973–1977

Jennings, P.: The Amplification of Agricultural Production. Scientific American 9, 1976

Klapp, E.: Lehrbuch des Acker- und Pflanzenbaues. Parey, Berlin 1958

Knodel, H., Kull, U.: Ökologie. Metzler, Stuttgart 1980
Koblet, R.: Der landwirtschaftliche Pflanzenbau. Birkhäuser, Basel 1965
Kull, U., Knodel, H.: Genetik und Molekularbiologie. Metzler, Stuttgart 1980
La Baume, W.: Frühgeschichte der europäischen Kulturpflanzen. Schmitz, Gießen 1961
León, J.: Fundamentos Botánicos de los Cultivos Tropicales. Instituto Interamericano de Ciencias Agricolas de la O. E. A., San José, Costa Rica 1968
Ling, K.: Rice Virus Diseases. International Rice Research Institute, Los Baños, Philippines 1975
Lorenzen, H.: Physiologische Morphologie der Höheren Pflanzen. Ulmer, Stuttgart 1972
Oetker, A.: Warenkunde Lexikon. Ceres-Verlag, Bielefeld 1969
Ou, S.: A Handbook of Rice Deseases in the Tropics. International Rice Research Institute, Los Baños, Philippines 1975
Pathak, M.: Insect Pests of Rice. International Rice Research Institute, Los Baños, Philippines 1975
Pimentel, D., Pimentel, M.: Food, Energy and Society. Arnold, London 1979
Rehm, S., Espig, G.: Die Kulturpflanzen der Tropen und Subtropen. Ulmer, Stuttgart 1976
Reinöhl, F.: Pflanzenzüchtung. Rau, Öhringen 1935
Schütt, P.: Weltwirtschaftspflanzen. Parey, Berlin 1972
Schwarzenbach, A. M.: Ananas – Aspekte einer Monokultur. Biologie in unserer Zeit 5, 1980
Schwarzenbach, A. M.: Amerikanische Landwirtschaftstechnik. Neue Zürcher Zeitung 303, 1979
Schwarzenbach, A. M.: Hochtechnisierte Methoden des Salatanbaus in Südkalifornien. Der Gartenbau 10, 1979
Schwarzenbach, A. M.: Mischkulturen – das Agrarsystem der Zukunft? Neue Zürcher Zeitung 169, 1980
Schwarzenbach, A. M.: Vom Nutzen der Züchtung am Beispiel von Baumwolle und Reis. Der Gartenbau 50, 1977
Schwarzenbach, A. M.: Tomatenkulturen im Süden Kaliforniens. Der Gartenbau 14, 1980
Simon, K.: Nutzpflanzenzüchtung. Moritz Diesterweg, Frankfurt 1980
Spanner, L., Rudolph, E.: Fremdländische Nutzpflanzen. Aulis, Köln 1966
Sprecher von Bernegg, A.: Tropische und Subtropische Weltwirtschaftspflanzen. Band 1: Stärke und Zuckerpflanzen, Band 2: Ölpflanzen. Band 3: Genußmittelpflanzen 1–3. Enke, Stuttgart 1929/34/36
Spriestersbach, H.: Kaffee, Kakao, Tee. Cram, de Gruyter & Co, Hamburg 1959
U.S. Government Printing Office: Agricultural Statistics, Washington 1979
Verband der Landwirtschaftsberater in Bayern e.V.: Die Landwirtschaft,

Pflanzliche Erzeugung, Teil B: Acker- und Pflanzenbau, BLV Verlagsgesellschaft, München 1976
Wenner, H. u. a.: Angewandte Landtechnik. BLV Verlagsgesellschaft, München 1980
Wilhelmy, H.: Reisanbau und Nahrungsspielraum in Südostasien. Hirt, Kiel 1975

Register

Studienreihe Biologie

Band 1 Genetik und Molekularbiologie
Ulrich Kull und Hans Knodel

Band 2 Sinnesorgane und Nervensystem
Ulrich Bäßler

Band 3 Evolution
Ulrich Kull

Band 4 Ökologie und Umweltschutz
Hans Knodel und Ulrich Kull

Band 5 Verhalten
Albert Danzer

Band 6 Evolution des Menschen
Ulrich Kull

Band 7 Erkenntnisgewinnung in der Biologie, dargestellt an der Entwicklung ihrer Grundprobleme
Erich Götz und Hans Knodel

Band 8 Nutztiere
Franz-Peter Leibig

Band 9 Nutzpflanzen
Alfred Schwarzenbach und Hans Knodel

In Vorbereitung sind weitere Bände zu den Themen:
„Stoff- und Energiewechsel (Grundlagen und Anwendung)" und „Biologie und Philosophie in ihren Wechselbeziehungen".